U0172553

中国特色民居系列丛书

社会性别视角下的摩梭民居研究

李瑞君 靳文祎 著

中国建筑工业出版社

图书在版编目（CIP）数据

社会性别视角下的摩梭民居研究／李瑞君，靳文祎著. —北京：中国建筑工业出版社，2020.12
（中国特色民居系列丛书）
ISBN 978-7-112-25746-1

Ⅰ.①社… Ⅱ.①李… ②靳… Ⅲ.①纳西族－民居－研究－云南 Ⅳ.①TU241.5

中国版本图书馆CIP数据核字（2020）第256174号

本书针对云南省永宁坝和泸沽湖地区，以现场测绘和实地考察为数据参考的来源，对该区域的民居建筑文化进行整体的、统一的挖掘探究。目的是以调研实例和阐述来记录摩梭人民居建筑与居住行为方式演变的图景，梳理其演变和形成机制，进一步归纳摩梭民居物质空间和文化内涵演变所蕴藏的内在关系及性别结构。并尝试通过对民居建筑现状和变迁的分析，为其未来可能的走向提供一定的预测和分析思路。

本书适于室内设计、建筑学等相关专业师生及从业者参考阅读。

责任编辑：杨　晓　唐　旭
版式设计：锋尚设计
责任校对：李美娜

中国特色民居系列丛书
社会性别视角下的摩梭民居研究
李瑞君　靳文祎　著
*
中国建筑工业出版社出版、发行（北京海淀三里河路9号）
各地新华书店、建筑书店经销
北京锋尚制版有限公司制版
北京中科印刷有限公司印刷
*
开本：880毫米×1230毫米　1/32　印张：3¾　字数：84千字
2021年3月第一版　2021年3月第一次印刷
定价：25.00元
ISBN 978-7-112-25746-1
（36990）

自序

室内设计的发展趋势大致有三：科技化、生态化和地域化，因此地域性特色的追求是今后室内设计发展的一个重要方向。十几年前我在学校为研究生开设了一门名为《地域性建筑设计研究》的课程，从那时起就开始了中国传统建筑和地域性建筑及环境设计研究。

在快速发展的当下，建筑趋同化现象日益严重，中国富有民情和地域特色的建筑被抛弃，沉淀着历史和民众智慧的各地民居建筑逐渐被雷同的现代建筑取代。在这种现实背景下，保护地域性建筑势在必行。在快速推进城市化的过程中，乡村的建设与发展对乡村人居环境的改善、缩小城乡差距以及城乡一体化发展具有重要意义，具有民族特色的地域性建筑及其环境的营造更是不可或缺的一部分。

本课题所展现的成果以整个中国传统地域性建筑作为自己的关照对象，是一个系列性研究。在研究实施的过程中，选取某一个地区的地域性建筑作为具体的研究对象而渐次开展，譬如羌族民居、摩梭民居、东北木屋、满族民居等特色独具的中国传统地域性建筑。

中国传统地域性建筑的环境艺术设计具有非常鲜明的地域特点，很好地适应了当地的气候条件和自然环境，同时涉及当地的生活习俗和宗教信仰等，从局部研究入手，同时进行整体上的把握，研究具有独特地域特色的地域性住居文化。

通过研究，希望能让更多的人了解中国多种多样的地域性住居文化的特点，以及地域性民居室内环境的营造特征，为继承、发展地域特色的环境艺术设计提供借鉴，为中国当下一直推进的乡村振兴、美丽乡村建设和乡村旅游的发展做出积极有意义的探索。

第一，地域特色的环境艺术设计是今后的发展趋势之一。现代社会的人们在生活居住、文化娱乐、旅游休闲中对带有乡土风味、地方特色、民族特点的内部环境往往是青睐有加。本课题的研究可以为室内设计的实践和探索提供有益的借鉴。

第二，在当下中国城市化的进程中，如何在“美丽乡村”建设中保持乡村的特色是我们需要正视和面对的现实。如今的快速发展，逐渐形成一种均质化的环境特点，很多地方已经丧失了原有的地方特点。如何保持差异性，追求地方特色是在今后一个时期需要解决的问题。本课题的研究可以用来指导乡村住宅的更新、改建和再建。

第三，对传统室内设计文化的补充。中国的历史是以汉民族为主的各个民族共同发展的历史，随着历史的发展，一些民族已经融合在历史的长河中。地域性文化在吸收汉族文化的同时，也应保留下来自己的特点。作为地域性文化的组成部分，地域性建筑及其室内设计文化应该得到应有的重视和研究，使其得以延续下去。

李瑞君

2020年10月

前 言

摩梭民居作为承载地域文化的建筑物，最大限度地容纳了摩梭人生产生活中的一切活动。对于摩梭人而言，这既是一个物质生活空间，又是一个人神共居的圣灵空间。凝结在民居空间上的传统性别意识、权力结构不仅传达了摩梭人的人生观、价值观，更是母系氏族文化活跃于当代的一个缩影。

传统摩梭民居格局世代延续，因而权力等级关系能够代代相传。由于受母系社会制度组织原则的影响，权力世袭皆由女性成员传承，她们对家庭的话语权与生俱来。从功能归属、空间分配、占有和使用的过程来看，女性始终以权力组织者和领导者的身份发挥着作用，而男性则在民居建造之初，对空间的权力就被母系文化体系排除在外，扮演着权力执行者的角色。摩梭民居建筑无论是大到整个院落还是具体到某一个空间都有着明确的性别归属。男性空间和女性空间界限分明独立，两性成员在各自的空间领域内遵守空间规范的制约，各行其是，并享受着由此带来的安全感和舒适感。

市场经济和旅游发展使得传统摩梭民居发生变化，模式统一的民居格局逐渐被新兴的、各种各样的民居形式取代。其中不乏技术提高、政策管理等因素的推波助澜，但更重要的是社会成员家庭主体、居住观念等原动力的影响。传统空间结构被打破、基础设施被重置，依附在民居上的性别行为和性别意识随之发生改变，同时，两性对空间的掌控权和使用权出现变更，男女成员与民居空间的关系越来越趋近平等，在现代民居中，男性也可以拥有独立固定的居住空间。在此基础上，又进一步引发了传统性别结构体系的颠覆，乃至对整个摩梭社会秩序的冲击。

基于民居格局变化的基础上，空间规范也不断衍生出新的标准。在现代化的民居模式和行为方式的渗透下，摩梭母系大家庭内部异性成员和同性成员之间的权力结构关系，越来越趋近于现代社会上的主流性别行为模式。本书旨在不断挖掘现代生活方式和民族传统观念的契合点，探索摩梭民居建筑乃至整个文化层面的变迁过程的同时，为摩梭人性别意识的状态及变化、民居未来趋势的预测提供借鉴。

本课题研究得到北京市教育委员会长城学者培养计划项目“中国传统地域性建筑室内环境艺术设计研究”（项目编号：CIT&TCD20190321）的资助，本书为该项目的成果之一。

目　录

第3章 传统摩梭民居空间的性别结构

第4章 居住空间与社会性别角色的演变

第5章 传统性别空间规范效力的衰落

第6章 结论与展望

第1章

绪论

民居建筑作为物质空间的载体，在物质层面，它融入了所属民族的生活方式和社会习俗；在意识层面，它也是一种文化形式的象征。任何一个区域的地理环境特征、建筑结构模式、营造技艺和方法，以及宗教礼乐、习俗风气、生活理念等人文景观的建构，均在民居建筑及其组合而成的乡村聚落中得到淋漓尽致的展现。因而在某种程度上可以这样说，民居是对其所处人文环境和社会环境的积极回应，更是社会群体住居模式和行为标准的集中表达。长此以往，这种回应和表达便会慢慢地累积沉淀，逐渐在人们的内心形成具有象征意义的心理惯性和认同感，这就是所谓的民居文化概念。民居文化相对的独立性和稳定性是其所特有的性质，它可以跨越时空而传递，而此时民居的文化概念功能已经超越了物质空间本身，成为精神文化的载体，唤起人们情感的共鸣，从而发生感受量增值，把民居带入艺术的殿堂。

1.1 研究背景

作为一个民族众多的国家，中国每个族系的民居文化均呈现出与众不同的独特魅力。不同民族，不同支系，其民居形态不拘一格、精彩纷呈。所有民居建筑汇聚到一起，丰富了中华民居建筑文化的宝库，共同谱写了绚烂的华章，值得我们细细体味。

在云南省和四川省交界的泸沽湖区域，居住着一个神秘的摩梭母系氏族群体。官方将其一部分归入纳西族，另一部分纳为蒙古族，尽管摩梭人的族源有待进一步考证，但外界统称为“摩梭人”。他们在独特的地理位置和气候条件下创造了独特的井干式木楞房，并将其传统文化习俗和民族气质注入民居建筑的院落布局和空间结构上，而凝结在摩梭民居上的两性关系一直是吸引学者和专家不断探索的问题。

随着市场经济和旅游开发的影响日益深入，摩梭地域文化受到了前所未有的冲击，在趋同化的背景下不同文化的碰撞和交融使得摩梭地域文化的特色在逐渐淡化。作为传统文化有形的物质载体，民居建筑显得尤为突出。在人们追求现代化和舒适化的影响下，其格局划分、空间功能、文化内涵等也随之变化，更是进一步削弱了以民居文化为核心的各种民俗、宗教的仪式感等。

摩梭素有“东方女儿国”的称誉，其独特的母系社会制度和“走访”婚姻形式使得传统民居建筑具有浓厚的性别空间指向性。在关注乡土建筑文化的同时，对于空间话题的考虑，法国哲学家米歇尔·福柯（Michel Foucault，1926-1984）等人以异于常人的思路，另辟蹊径地抛出了自己的见解，这些独特的思考方式也引起了笔者的兴趣。他们认为：“空间不仅仅是一个空洞的‘容器’，相反，空间体现了人的意志，是一种社会关系的反映；空间是知识和权力的载体，建筑物、设计物等都是权力运作的表现，即建筑形式本身可以有一个先天性的政治意义和可能性。”以逆向的思维方式来分析，地域民居空间的建构上必然也会贯穿着如此这般的空间理念。由此两条主线交叉结合，让笔者萌发了去探究民居空间和两性之间关系的意向，作为研究摩梭民居的一个研究方向。以性别作为切入口，结合部分空间理论的观点，来开展本课题的深入探讨。两者的关系在于，社会秩序、社会成员的行为需要空间规范的制约，性别秩序作为社会秩序的分支，同样也受到空间规范的影响。从某种意义上讲，空间的演变过程实质上就是社会规范、社会秩序的演变过程。在物质决定意识的大前提下，摩梭民居作为具象的物质表现形态，性别观念作为意识层面的典型代表，毋庸置疑，民居空间的演变必然会波及性别意识的变化。由此，可以进一步探究社会成员性别角色的转变过程，性别结构体系的变迁过程也就随之而出。

1.2 研究目的及意义

本书的研究范围集中于云南省永宁坝和泸沽湖地区，以现场测绘和实地考察为数据参考的来源，对该区域的民居建筑文化进行整体的、统一的挖掘探究。目的是以作者的调研实例和阐述来记录摩梭人民居建筑与居住行为方式演变的图景，梳理其演变和形成机制，进一步归纳摩梭民居物质空间和文化内涵演变所蕴藏的内在关系及性别结构。并尝试通过对民居建筑现状和变迁的分析，为其未来可能的走向提供一定的预测和分析思路。另一方面，通过把对摩梭民居建筑文化的研究提升到对整个摩梭文化领域的研究，引起社会上对处于文化边缘的摩梭群体的关注，也为以后建筑空间环境的发展提供在强化地域特色基础上的多元化的设计可能性，供摩梭人选择。

1.3 相关概念和研究范围界定

空间理论和社会性别理论这两个原本没有交集的概念相互碰撞与交融，形成了性别空间的研究命题，为原本静态的空间注入了新的活力，进一步引发了人们对于凝聚在空间上的性别权力结构的具体运作方式进行深入探索。由于本书属于交叉学科性质研究方向，因此，对于空间理论、社会性别理论的定义，以及相关民居建筑的分析成果等概念必须要系统梳理和分析，然后才能结合起来做进一步的研究和探索。

1.3.1 社会性别理论

社会性别研究是一门新兴的跨学科的研究领域，它脱胎于女权运动、女权主义理论和女性研究，但不同于女性研究的是，它还把两性和两性关系也纳入研究视野。目前女性研究和社会性别研究的学术边界并不清晰，研究内容有一定的重叠。20世纪90年代以后，越来越多的研究者注意到仅以女性为研究对象是片面的，因此，社会性别研究逐渐进入人们的视野，进而成为主流。同时研究对象发生了数量和比例上的改变，由以女性研究为主，转变为对男女两性给予共同的关注，并尤其重视现行的社会体系是如何作用于两性之间的不平等关系。在阐述社会性别理论之前，要先梳理其与生理性别的概念区别。20世纪70年代，生物解剖和测量染色体对数的方法先后成为判断生理性别的依据。而社会性别的判定原则是以人们当时当地所处的社会环境和标准所决定的，这些标准包括语言、行为、认知、教育等各种人文因素。这是一套关于男女性别行为方式的规范，一套关于两性群体特征和差异的理解观念。在男女两性生理特征的基础上，加之传统的性别刻板印象和统一的社会性别规范等，诸多要素和人们观念中的性别角色汇聚融合以后，自然而然地便把女性、男性和与之分别对应的亲和性特质、果断性特质相连结，性别气质的差异性也自然而生，人们被期待着按照性别气质来承担社会角色。同时，在男女权力关系上也实践着相同的理念。这种人为的划分标准实则是想表明两性的社会身份以及其与生理性别的差异性并非是与生俱来的，也绝不是生理结构所能掌控的，而是由所在的社会环境和社会文化共同作用的结果。

在西方女性解放运动中，社会性别理论是极为重要的概念和主要理论依据。该理论的提出是对女性主义理论的进一步升华。美国人类学家玛格丽特·米德（Margaret Mead，1901-1978）、法国存在主义作家西蒙娜·德·波伏娃（Simone de Beauvoir，1908-1986）等人是社会性别差异论的开启者，对于该理论的提出和发展有极大的贡献。米德在她的著作《三个原始部落的性别与气质》中就明确指出，一个人的性格和气质并不是天生的，而是通过后天的训练和培养才能够获得的。另外，一些特殊的性格和性别关系可以通过特定的社会和文化来予以塑造。换句话说，两性性别气质和行为主要是根据社会环境变化并适应而形成的。波伏娃在她的著作《第二性》中明确指出：一个人并不是生下来就是女性，而是在后天的影响下变成女性的。在社会性别理论中，这个论点占据极为重要的地位。总结而言，这些学者的理论和观点就是人的社会性别差异实际上是社会文化的产物，这一理论对于性别生物决定论而言有极大的冲击。

19世纪60和70年代，在女性主义运动第二次浪潮中，首次正式提出社会性别理论。在西方国家，随着女性研究者的不懈奋斗、女性主义理论的不断丰富以及女权运动的兴盛壮大，社会性别理论在此背景下应运而生，并逐渐在内容上趋近于详尽完善。该理论是以两性关系的自然主义和男女二元对立的思考形式在西方知识构建中的传统认知为基础的，是众多女性主义理论者共同努力的成果。它不单单囊括了性别概念和观念，同时还囊括了性别体系的社会建构性。就目前而言，相关学术界已经接受了性别社会建构理论。

在第二次浪潮中，各种有关于女性主义理论的观点、概念百家争鸣般蜂拥而出。时至今日，回看当时的盛况，我们不得不承认，这为社会性别理论以后的长足发展打下了坚实的理论基础。这些学者指出：性别和社会性别是有明显的界限划分的，其中，社会性别不是生物的体现，而是社会建构对于男性和女性气质的具体要求。美国人类学家盖尔·卢宾（Gayle Rubin，1949- ）在她的著作《女人交易：性的“政治经济学”初探》中就针对社会性别制度的概念予以明确，同时针对该概念进行了详细的阐述。

盖尔·卢宾指出，社会性别制度主要体现在两个方向：第一，与性行为有密切联系，而这种行为以生育为主要核心内容；第二，以男性社会的父权制体系为基础进行建构。总体上讲，社会性别制度的组织与建立效果可以称得上是卓越显著，其促进了人类社会文化的构成与发展，有效提供了为男女成员关系所用的制约机制，为两性权力结构中谁是统治者、谁是被统治者的关系进行了决策与维护，从某种角度考虑，这也是历史发展的自主选择和必然结果。在社会性别理论发展的过程中，性别和权力的关系是一个重要的议题。一些女性主义专家将传统理论打破，将社会性别概念中隐藏的权力结构予以挖掘。女性主义专家们明确提出，社会性别是一种综合性概念，其包括制度系统、价值系统、意识观念和权力结构，所有因素综合起来就是社会性别概念的总结。在《性政治》一书中，美国社会学家凯特·米丽特（Kate Millett，1934-2017）就针对社会性别、政治和权力三者之间的内在联系予以阐释和深入描述，她认为当时现行的社会体制下，男性控制着绝大部分的权力，甚至可以说是近乎所有，而究其根本，这是由男性所特有的气质而决定的，其在某种程度上象征着一种政治权威、政治手段。另一方面，社会性别作为众多权力关系的开创者，也扮演着维护和修正这些关系的角色。

从宏观的角度考虑，社会性别理论解释了人的社会角色并不是一成不变的，会因时间、地域、所处环境的变化而发生转变，具有多元化和可变性，因此，要用发展的眼光去看待。社会性别研究不仅揭示了性别不平等的现状、分析了其产生和延续的社会机制，而且在分解传统性别结构的同时，也在努力地重建，积极地寻求和实现男女平等的和谐关系与人之解放的道路。

20世纪中后期，当西方学术界对社会性别理论提出质疑，女性主义者进入对过往研究的不断总结、回顾时，中国女性研究者开始将目光逐渐聚焦到社会性别理论的探索上。1949年以来，我国实施男女平等的社会理念，上到社会制度体系，下到人们的思想意识都发生了明显的转变，和以往相比，女性获得了更多、更广泛的权力，甚至在某些领域，出现和男性权力等同的情况。以妇联为基础，中国的妇女地位和妇女研究一直有着合法化的政治地位，改革开放后，中国的妇女研究得到了长足的进展。尤其在1995年，第四次世界妇女大会在中国的召开，有力地推动了妇女研究向性别研究的拓展，也使国内学者有机会广泛和全面地接触到国际学术界的前沿理论。自此，性别研究在国内得到学术界的广泛认可，社会性别的概念得以普及。同时社会性别研究以学术渗透的方法融合到其他学科中，建立了跨学科的学术研究。自1990年开始，中国每十年进行一次中国妇女社会地位调查，目前已进行了三期，成为社会性别研究重要的资料库。2006年全国妇联和中国妇女研究会与北京大学、中共中央党校、中国社会科学院等21个单位共建妇女/性别研究与培训基地，从机制上推动社会性别研究的学科建设。这些丰富的研究，是本土社会性别现象深入分析的成果展现。

如今，社会性别理论研究正逐渐进入公共决策领域，《中国妇女发展纲要》（2000-2010年、2010-2020年）从政府决策上推动两性研究的发展。在国际社会上，进一步扩大与国际接轨和交流。中国社会性别研究的学者、专家到国外学习和交流，既学习了国外研究的最新成果，也向国外学者介绍了中国社会性别研究的发展。期间特别值得一提的是，近二十年来，大量社会性别研究的西方专著被介绍到中国，形成了非常可观的文献库。总之，社会性别研究在国内学术界代表了新的声音和新的方法论。社会性别研究在谋求两性平等的前提下，给予女性经验和男性经验同等的重视，兼容了不同主体性别经验的研究比较系统，也更加趋近于全面详细，以实现对性别压迫机制和权力关系的全面认识。

1.3.2 性别空间理论

后现代主义建筑理论的兴起为女性话题和空间话题的结合提供了契机。作为一种建筑思潮，后现代主义强调注重人文关怀，注重人的心理感知和人类个体的多元化需求。女性研究学者则借此机会要求社会注重女性在建筑中的地位，考虑在建筑空间中女性心理以及行为方式上的不同欲望，谋求和男性等同的尊重和关照。在此前提下，性别空间的研究逐渐发展起来，初期研究者多以建筑学科为背景，强调女性特征要充分地被融入建筑空间和建筑理论的创作初期规划中，要尽可能地照顾到女性的生理需求和心理需求。在与建筑学相关的论文《建筑中的性别空间理论研究初探》（唐静，2006）、《建筑性别空间》（唐静，2006）的文章里，唐静对于性别空间的概念有着清晰的总结：性别空间强调的是以差异性为基础的某种空间形式，而这种差异性由两性生理结构、行为特征、权力关系等因素所决定，其中，社会对两性性别气质的期待与规范也是不容忽视的重要因素。早期，人类有意识地将空间划分为神圣空间和世俗空间，而性别因素作为划分世俗空间的判定依据，早已纳入了人们的意识观念里。可见这是符合人类历史发展趋势和一般规律的。不同时期、不同地域、不同文化氛围下，建筑性别空间会有形态各异的空间呈现方式。但是无论以何种姿态出现，它都代表了当时特定的社会背景下男女权力等级关系以及角色地位的状况。

1.3.3 民居的性别空间研究

就建筑设计这个层面而言，社会性别差异也是普遍存在的。李桂文在论文《浅谈妇女参与住房设计》（李桂文，1994）一文中，阐述了一个学术界普遍认同的观点，即：不管女性对住屋的使用频率还是使用范围都远大于男性，因而女性比男性更加迫切地希望提高住屋空间格局与自己日常行为模式相匹配的契合度，虽然该作品主要是从建筑角度出发来予以阐述，但是也涵盖了部分关于性别话题的内容，提出了在房屋设计之初就要充分考虑女性特征的需求。作者跨越两个学科领域，从多个角度来论述应该让更多女性参与到房屋的设计中来。

另外，都胜军在论文《建筑与空间性别差异研究》（都胜军，2005）中也明确指出，社会中很多人都认为男女平等这个观念已经被广泛认同，这就导致社会、建筑以及空间对两性需求采取相同的、一致的度量原则。因而，在此基础上忽略了男性和女性的生理、心理双重差异，忽略了作为不同的性别群体对空间的感知和内心变化。同时，作者认为现代建筑理论与实践针对空间设计和功能设计方面提出了更好的要求，因而，在设计中体现人文主义情怀，不仅在生理上满足男女的差异性需求，更要在心理和情感上予以不同属性的关怀。

在《传统住屋文化中的两性空间》（赵复雄，2003）中，作者赵复雄提出，住宅是一个复杂和综合的概念，除了具有性别定义之外，还具有其独特的文化内涵以及美学风格，具有深刻的涉及各个方面的价值，包括精神象征价值，并呼吁人们借此机会充分探索传统住屋文化的优势成分。何水在《徽州民居中女性空间浅析》（何水，2007）中明确地指出，以徽州民居为研究对象的一系列研究活动都忽视了这些民居本身的性别属性，尤其是忽视了女性主义的批判性思维。以此为背景，作者特别强调以女性身份的角度作为文章阐释的切入口，探讨在民居空间中，女性是如何与其发生联系及相互作用的，包括女性作为一个使用主体与使用受体之间的关系等。

《传统厨房炉灶的空间、性别与权力》（许圣伦 、夏铸九 、翁注重，2006）一文由台湾学者许圣伦、夏铸九、翁注重在《浙江学刊》上联合发表，其中明确提出，在以往的建筑领域学术研究中，对女性话题和空间话题的结合大多集中于卧寝、花园、廊道、暖阁以及一些主要使用者为女性的场所和家具上，而对于厨房，这一以女性为活动主体的建筑空间则常常被人们遗忘。除此之外，研究体系不够完善，研究视角过分地停留于艺术性层面上。实际上，这种程度上的研究和阐述更进一步地传递了女性处于依附地位的思想观念。文章把厨房作为研究的重点内容，尤其重视对于炉灶等的阐述，从而挖掘出这些工具中蕴藏着的性别权力结构。另一方面，在现代化的影响下，厨房作为功能性空间以及空间内部的众多器具和配置也逐渐完成了高级化的蜕变，妇女在现代社会中所发挥的作用越来越大，女性在进行日常烹饪活动时接触到更多的现代工具，劳作的意义发生了转变；妇女劳动的内容发生了扩充，变得更加丰富，传统的活动模式发生了改变，有了新的发展。总的来说，文章对建筑空间和女性地位的发展性关系进行了充分的分析和探索。

1.3.4 研究范围

调查研究尽量广泛，尽可能地走访调查分布在整个泸沽湖沿岸的摩梭聚落以及与聚落相关的摩梭文化，主要以永宁坝和泸沽湖为中心，对这些聚落通过分类研究，根据人文地理条件差异、村寨类型选取最具代表性的几个摩梭聚落进行深入的分析。从社会性别差异视角介入，总结泸沽湖地区摩梭传统民居的院落类型、平面布局、结构体系、细部装修等方面的特色，探讨自然、社会和人文因素对摩梭传统民居建筑的形成及发展的影响，以及外来文化的冲击对居住空间、性别结构及在建筑形制和艺术价值等方面的影响，在已有研究成果的基础上，形成更深入、系统的观点。

1.4 研究思路及方法

1.4.1 研究思路

社会性别与空间这两个原属于不同领域的学科概念，其依照一定的原则结合与交叉形成了本课题研究最重要的理论基础，呈现出以下的特点：首先，社会性别作为一个动态的理论，随着社会形态的变化发展在不断地修正与完善，不同时期、不同区域、不同的文化环境都会导致其根本内涵和表现形式的改变。同时社会性别的结构和表现形式在不同的社会进程中有差异化的表现。其次，人们有意识地建造空间，将对空间的分配、使用以及在空间内成员行为的期望凝结在建筑空间结构和布局上，以此来达到规范两性的作用，这种社会权力制衡的关系通过人们对建筑空间的规划布局展现得淋漓尽致。最后，民居作为能够最大范围承载人类活动的实地场所，也最能够集中体现人们建造之初的设计意图，因而对于空间的布局和设计极为考究。社会文化作为宏观概念由多种因素构成，其中社会性别作为区别社会成员不同属性的划分因素，在居住空间满足两性差异化需求的过程中显得尤为重要，也正因如此，在空间的设计中能够呈现出性别结构随空间结构变化而变化的趋势。

1.4.2 研究方法

1. 文献整理法

本课题的研究对社会性别理论、性别空间理论和传统摩梭民居相关的书籍、论文、历史资料等进行了系统性的梳理和归纳，通过对相同历史环境下的不同理论进行横向对比以及不同时期相同理论的发展变化进行纵向总结，进而形成矩阵式的整理与研究结论，为后续内容的深度研究作为理论依据。

2. 实地调查法

在课题研究期间，笔者先后多次对泸沽湖地区的摩梭聚居区进行了目的明确的集中性的实地走访和深入调查。在调研期间，亲身体验了当地的习俗文化，真切地感受到了该区域母系制度下民居生活的聚落和民居建筑的空间环境。实地调查研究的范围以永宁坝和泸沽湖地区为主，专注于对传统摩梭民居和现代摩梭民居的比较探究。在对摩梭民居空间的特征进行普遍而深入的考察中，通过测绘、拍摄及访谈等多种方式取得了摩梭民居建筑空间结构研究的第一手数据，并梳理归纳，为课题论证提供理论和案例依据。

3. 案例分析法

笔者在实地调查过程中，深入一些摩梭民居建筑进行了走访和考察，并和母系家庭成员进行深入沟通，通过对民居建筑特点进行讨论与剖析，了解其建筑空间形成的人文背景与社会环境，同时结合上文中论述的相关理论，进而以点带面地总结出摩梭民居中社会性别理论和空间文化内涵的实际应用及对民居建筑的影响。

第2章

摩梭民居空间的构成

民居建筑与自然、社会、文化、历史等因素有着深深浅浅和千丝万缕的关系，要深入剖析其形成和发展的原因，文化因素是其中的关键性因素之一。了解该区域的民族共同的心理特质，挖掘决定其形成的支撑点，即民族共同地域、共同经济生活、历史发展及宗教信仰等特点。本章将从传统摩梭民居建筑的形成因素入手，从整体规划、室内布局、空间装饰等不同立足点进行分析研究。

2.1 传统摩梭民居的形成因素

摩梭人，主要居住生活于四川省和云南省交界的泸沽湖地区，是纳西族的一个分支，至今仍保留着母系社会制度。家屋观念、走婚制以及以女为尊的伦理观念使得传统摩梭民居具有强烈的社会性别意识指向性。在特殊的地域社会文化和自然环境的影响下，造就了摩梭民居独特的建筑形式——木楞房，向人们展示着民居建筑空间与社会意识形态之间密切不可分割的联系。

2.1.1 族源和人口

摩梭人主要分布在云南省的宁蒗县和四川省的盐源县、盐边县、木里县。其次云南省的永胜县、玉龙县、迪庆州也有少量分布，人口约5万人。

对于摩梭人的起源问题，在学术界可以划分成两类观点，其中史学家认为摩梭人的祖先是我国古时期的古羌人。学者章太炎（1869-1936）曾指出，唐代时期的磨些蛮，就是羌族流入后进行繁衍生息的后代。同样，历史学家方国瑜（1903-1983）指出，现在的纳西族就是古代时期的“磨些”。战国时期，古羌人受秦国的威胁，跟随游牧民族南下，在现今甘川交界处定居，从此远离其祖先。这一群体在汉朝以后被人们称为“磨些”，到了唐代又被称为“摩梭蛮”。另一部分专家学者以考古证据为主，提出了摩梭人源于云贵高原古夷人之说，认为在藏彝走廊民族文化交流活动频繁的历史时期，摩梭人作为藏缅民族这个社会文化共同体不可缺失的一部分，与百越族群当中的一部分，在数千年甚至上万年前，就以丰富多彩的金沙江流域岩画跨越时空，在广袤的天地之间留下了旷世绝伦的精美绝唱。不论是哪种说法，总之摩梭人是云贵高原的古老居民之一，世世代代生长于斯，活动于斯，交流于斯，创造于斯。而后西部摩梭自称为“纳西”，而定居滇川交接地带泸沽湖地区自称“纳日”的东部摩梭一直被外界继续称为摩梭。从各方面推断，从古至今，川西至金沙江流域和泸沽湖地区是摩梭人主要活动的历史舞台（图 2-1）。

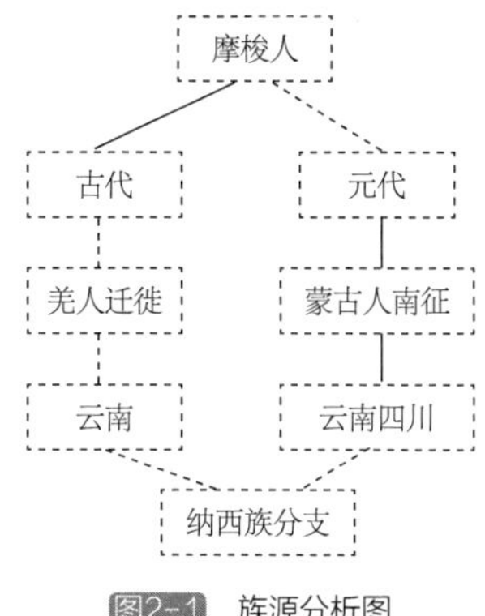

图2-1　族源分析图

在中华民族辉煌历史的发展进程中，摩梭作为中国西南地区一个古老的群体，其称谓在不同时期亦有变化。晋代称“摩沙”，唐称“摩些”

或“磨西”，元称“摩挲”或“么些”“摩梭”。明代称“么些”“摩些”。民国称“么些”“摩梭”等。但大体上还是以“摩些”“麽些”为主进行演变。在中华人民共和国成立后，将摩梭人划分为纳西族和蒙古族。据史料记载显示，在1600多年前的“定笮”也就是现今的四川盐源和宁蒗地区，已经有摩梭人的祖先“么些”在这片区域生存繁衍。可见，摩梭人定居在此已经有上千年的历史了。

2.1.2 自然因素

滇西北的地势以高山峡谷为主，永宁坝区位于其东部，平均海拔2500米左右，地处泸沽湖西北部，东临格姆女神山，气候干湿分明，四季温差小。永宁地区村寨星罗棋布，开基河流经盆地中央，两岸沟渠纵横，阡陌交叉，土地肥沃，物产丰富，堪称高原江南。

泸沽湖位于云南省丽江宁蒗县北部永宁乡和四川省盐源县左侧的山峦绿丛中，海拔为2690米，地理坐标为北纬27° 41′到27° 45′之间，东经100° 45′到100° 50′之间（图2-2）。

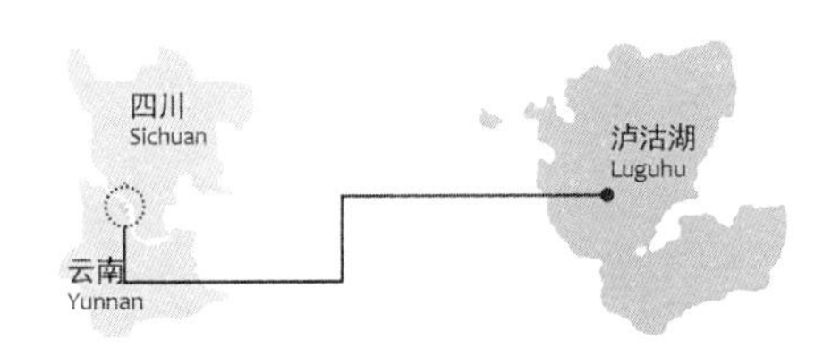

图2-2 泸沽湖区位分析示意图

属高原季风气候，最暖月均20℃，最冷月均5℃左右，年降水量1000~1500毫米，太阳辐射强烈，四季分明。该区域群山环绕，林木资源丰富，植被较好。摩梭人对于民居建筑的选址十分讲究，地理位置大多靠近山岭和水源，就地取材，利用当地厚实松木层层叠加，并围合成房屋四壁，建造出井干式木楞房（图2-3）。木材的保温性能极强，达到冬暖夏凉的效果，而且木结构使得建筑平面的布局更加灵活。另外，摩梭人设计的坡屋顶利于及时排放雨水，防止侵蚀木材。正因为有了这些日积月累的建造经验，摩梭人独特的民居空间形式才能得以流传至今。

图2-3　传统木楞房
（资料来源：网络）

2.1.3 社会因素

1. 摩梭的历史背景

历史上，摩梭人聚居地区是封建领主制社会。元代设立土千户；明代开始实行土司制度；清代在康熙四十九年（1710年）和雍正年间，对分别来投诚的各土司土官，仍授以各种名号的官职，号称“五所四司三马头”。

由于摩梭人聚居地区属于山地高原和高寒山区，交通阻隔，自然条件差，农业生产技术水平低下，甚至有的一直从事流动性的农业、畜牧业、渔业生产，加之大部分土地和资源被土司贵族集团占有，受当地土官的剥削压迫，经济、社会发展十分落后。中华人民共和国成立后，摩梭地区结束了土司统治制度，从此掀开了摩梭人历史发展的新篇章。1958年成立永宁公社，1962年改永宁公社为永宁区，1988年成立永宁乡，1992年改为泸沽湖镇。

2. 独特的母系文化

泸沽湖边的摩梭人的族群以母系文化传统而驰名中外，被称为“东方女儿国”。这种尊女崇母的意识实质是一种女性文化，规范着摩梭社会成员的言行，接下来将介绍泸沽湖边至今保留的母系制婚姻家庭模式。建筑形态与社会文化相互影响、相互渗透。了解摩梭独特的文化习俗，更有助于剖析摩梭民居空间的特征与发展，了解摩梭性别空间的演变过程。

母系制婚姻家庭模式以母系大家庭为社会家庭结构，以两性自主自愿走访为繁衍族群的特殊形式，再现了穿越时空的人类母系文明景观。摩梭人母系制婚姻家庭模式特点之一是母系大家庭以血缘关系为纽带，女性首领主宰一切；特点之二是社会机制贯穿着性别平等、两性和谐的内核，“舅掌理仪，母掌财”；特点之三是母系家庭一般不分家或很少分家，家庭人口众多；特点之四是实行“阿夏”走婚，以感情作为基础，结交和离异都比较自由，体现了两性平等的婚姻关系。

摩梭民居建筑作为母系文化和走婚制度的有形载体和产物，不仅为摩梭人提供物质居住空间，更是母权制下母系大家庭繁荣与兴旺的见证。

3. 宗教信仰

摩梭人是一个信仰多种宗教的民族，既信仰达巴教，也信仰藏传佛教。宗教作为人类的一种精神生活，一直伴随在摩梭人社会发展的进程中，宗教不仅是摩梭人的精神寄托，更是处理日常事务的准则，它以自身独特的表现形式，传载着摩梭人社会生活的各个方面，同样也在一定程度上影响了民居空间的物质形态。

达巴教作为摩梭人的本土宗教，信仰万物有灵，核心是祭神驱鬼和祭祀祖先。达巴教没有成文经书，没有教义，亦没有组织和固定场所，依靠口耳相传。达巴教不脱离生产活动和家庭生活，当人们需要时就会提供宗教服务（图2-4）。然而，在佛教和“文化大革命”冲击下，达巴教的传承出现了断层，已经“气若游丝”。但不可否认的是，代代相传的达巴经典中蕴藏着摩梭人的文化价值观念

图2-4 达巴教活动
（资料来源：网络）

和各种行为规范，对摩梭人的社会生活、精神生活产生深刻而广泛的影响，并直接作用在有形的载体——民居建筑上。

明朝初年，藏传佛教流传到永宁地区，得到土司的大力支持和推广，因而，迅速拥有了大量的信徒，成为全民信仰，大有取代本土达巴教之势。永宁乡有扎美喇嘛寺（图2-5）和者波达迦林寺（图2-6）两座藏传佛教寺院，喇嘛作为佛教在永宁本土化的产物，具有家庭形式的特征：喇嘛除了特定的宗教活动外，大部分时间在家念经修习并应邀为村民祈福。摩梭人对宗教的依赖和情感倾注极其深厚，大到在摩梭人的聚落空间里，玛尼堆处处可见，湖边、路旁、山腰，甚至村口岔路的地方均有分布，小到摩梭人的居住场所内，家家设置经堂，光彩华丽，装饰考究，是家中所有建筑单体中最为用心的。

图2-5　扎美喇嘛寺

图2-6　者波达迦林寺

在漫长的历史长河中，宗教与摩梭民族的传统文化和风俗习惯相融合，形成了具有丰富文化特质的宗教文化，摩梭人信仰的达巴教和藏传佛教相互交融，彼此渗透，和谐共生，共同为摩梭社会提供服务，形成了独特的宗教信仰体系。

2.2 空间总体规划

传统摩梭民居空间作为满足摩梭人居住行为的空间，不仅协调人与自然的关系，同时也在协调人与人的关系。独特母系文化下的社会关系、亲属关系、伦理关系等构成社会学系统，对民居建筑形成、结构布局、室内装饰的形式，以及空间秩序的确立起着控制性的作用。女性中心文化特质和宗教文化习俗相互渗透，衍生出了以母系血缘为主导的建筑设计风格。

2.2.1 空间形态

传统的院落空间由内院和外院组成，内院空间由祖母屋、经楼、花楼、草楼围合而成，是摩梭家庭内部日常生活起居、室内劳作、社会交往、佛事活动的场所，属于封闭性质的空间系统（图2-7）。外院由主体建筑和低矮的围墙构成，是摩梭人种植果蔬、圈养牲畜、堆放柴草的区域，外围墙高度和人的视线水平相差无几，过往行人踮脚便可一览无余，性质上归属于半开放空间系统。

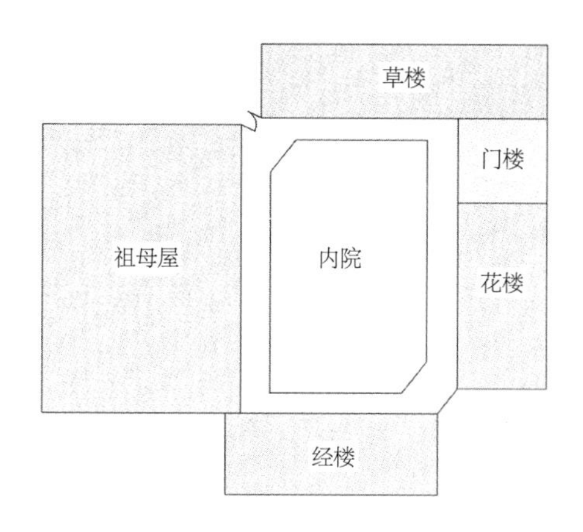

图2-7　院落布局图

2.2.2 平面布置

摩梭院落的规模视人口和经济实力而定，同一个母系氏族家庭的人口一般达到十至二十人左右。内院空间的基本结构大致相同，有且只有一栋祖母屋，为单层，是院落中体量最大的建筑，其余三栋建筑围绕祖母屋依据需求灵活布局。

摩梭民居建筑大致分为两种平面类型：

1. 三合院

三合院的布局适用于人口少且经济条件较差的家庭，祖母屋处于中心轴线的位置，花楼和草楼相结合形成一栋建筑，经楼一般坐西朝东，三栋建筑加一面围墙组成三坊一照壁的平面布局形态，即三合院（图2-8）。

2. 四合院

四合院这种平面形式属于相对完整的院落布局。由祖母屋、经楼、花楼、草楼四栋建筑组成，合院中间的天井区域为日常的食物晾晒、宗教祭祀等提供场所（图2-9）。

在豢养家畜的布局设置上，大体分为以下两种模式：一种是将牲畜圈养在外院或安置在草楼里的畜厩，通过屏障与家庭成员的生活区域分隔开，这种方式可以有效地降低牲畜对人们生活环境、空气质量的破坏。另一种则是将牲畜在内院中圈养、散养或者草楼内的畜厩不设遮挡，这种模式下的居住空间环境明显劣于前者。

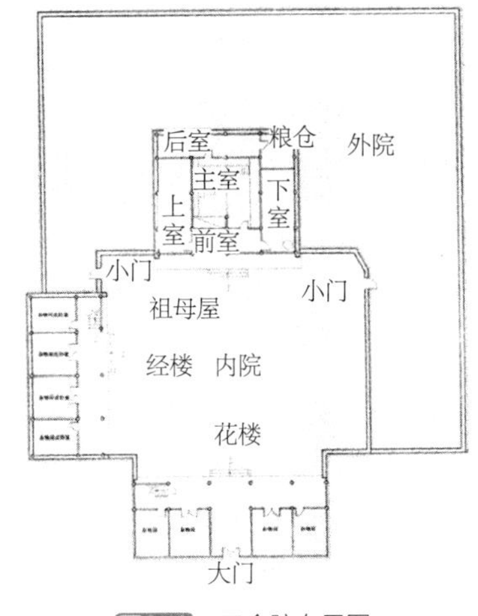

图2-8 三合院布局图
（资料来源：网络）

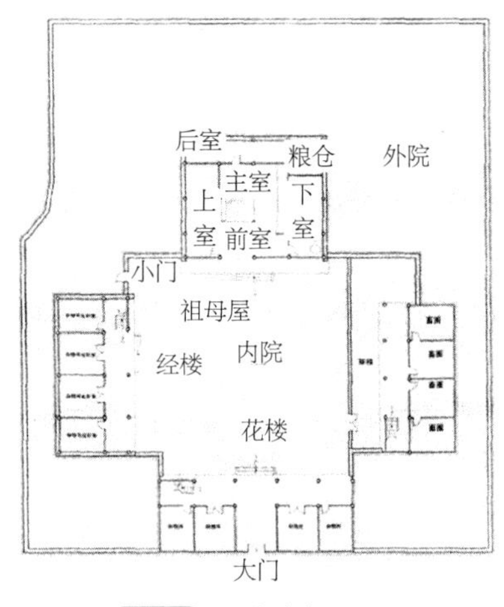

图2-9 四合院布局图
（资料来源：网络）

2.2.3 空间布局

传统摩梭建筑因受到以女性为核心的文化和宗教影响，形成了独特的建筑空间形式。院落建筑由木楞房组合而成，祖母屋在建造前，要请达巴选址，建成后，除翻修屋顶木板外，不得擅自改动。因而祖母房能保持原始的面貌，有的甚至达到百年历史。

正房也叫祖母房，都有类似的“三进式”布局，坐北朝南，依所在聚落的神山位置略有变化，呈“回”字形布局。在此以四川省木里县屋脚乡利家嘴村瓦巴索诺家祖母屋的布局来加以说明（图2-10）。

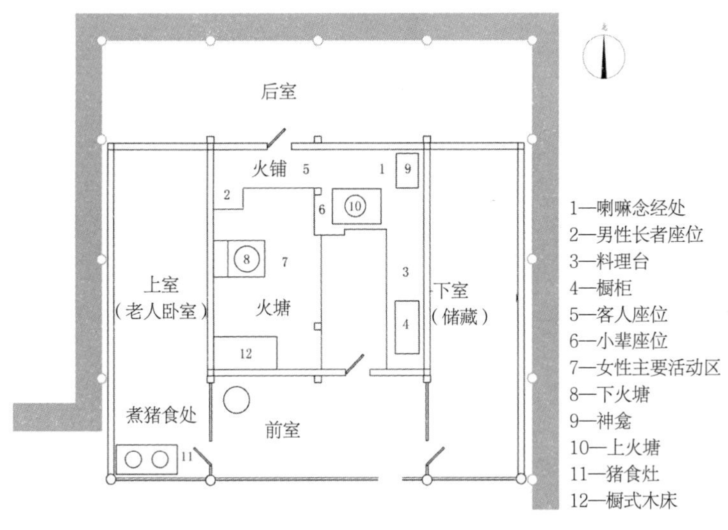

图2-10　平面布局详图

祖母屋的第一进为前室或称前廊，前室一般空间较小，暂时性放置水缸、农具等设施，类似于现代家庭的玄关。前室西侧为上室，是家中不再参与走婚的年长男性的居所，平时也作贮藏。下室与上室相对，通常情况下作储存粮食之用，设有畜食槽等用品。

第二进为主室，即“回”字形中心区域，用木质夹壁隔断母屋整体空间，并围合而成，结构较其他居室复杂。一般情况下，传统的祖母屋建筑必有一面山墙正对神山，且靠近神山一侧的墙壁也一定是安置下火塘的位置，这是建造之初最基本的布局原则，以便摩梭人每天能够朝向神山祭拜供奉。如图2-10所示，西侧为下火塘，前方放置三脚架和锅庄石，每次开饭前女主人要将食物供奉在锅庄石旁，以示对祖先和神灵的尊重。紧挨下火塘的南侧设有橱式木床，老祖母平时在此休息，也有的家庭将老人房设置在偏室。屋内两根醒目的柱子，有着极强的象征意义，在火塘和木床之间的是女柱，另一侧的是男柱，摩梭人在这里举行成人礼。下火塘周围的区域也是母屋内女性成员们的主要活动范围，大家庭日常接待、议事同样也在这里举行。在火塘边就餐时，家庭成员要按照尊卑顺序依次入座。东侧对应的是上火塘，周围设置木式高台，提供坐卧之处。东北角设有神龛，喇嘛在此念经。紧邻的西侧高台是家中男性长者的座位，对面是晚辈的座位，北侧是访客的座位。东南角设有橱柜等用品，此处类似普通民居中的厨房，是摩梭妇女用来烹煮、备餐之地。主室可以说是真正意义上人神共居的空间。

在主室北侧的夹壁上有个小门，这便是通往第三进后室的入口，尺寸较小，主要用作仓储，但其还具有一个特殊的用途，即摩梭人的产房和停尸房，寓意“从哪里来到哪里去”，私密性强，因而一般情况呈现紧闭的状态（图2-11）。

除正房外，其余三面房子均为两层。

经堂，坐西朝东，一层为成年走婚男性或客人住房，也用作储藏，二层为经堂及喇嘛住房，是进行佛事活动的空间。

花楼供成年摩梭女性居住，也是接待走婚配偶之所；若是夫妻家庭，则为夫妻及其他家庭成员居住。

剩余一面是草楼，顾名思义，理论上是储藏草料，充当畜棚之

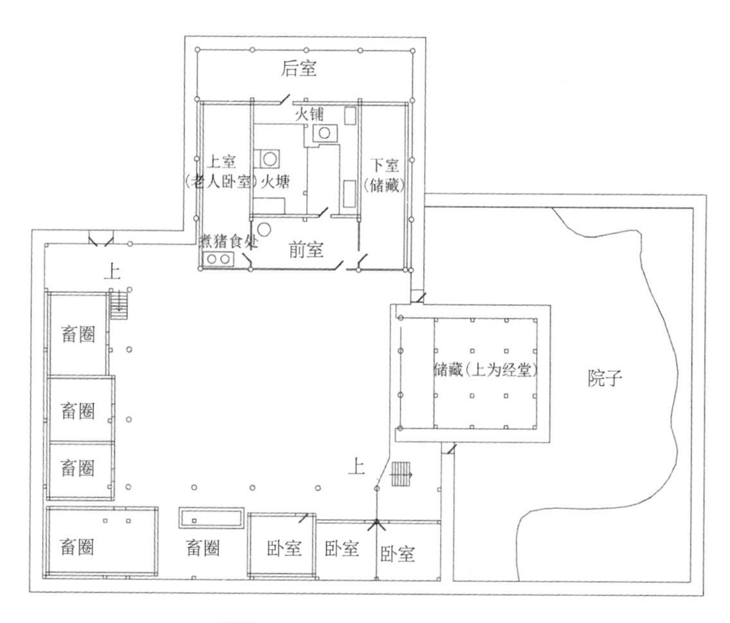

图2-11　瓦巴索诺家祖母屋平面布局图

用。但在现实生活中，依照家庭性别结构、人口数量和经济条件的不同情况，草楼和花楼的功能用途会发生转变，具体表现为：当家庭中成年女性数量很少或者没有时，就不修建花楼，而是给少数女性每人修建一座木楞小房子；当家庭中成年女性多到超过了花楼房间的容纳量时，就把草楼的二层设为单人卧室；当家庭中男性成员比较多时，就会在草楼安排出空余的房间供其居住；有的家庭因经济拮据不建造草楼，将花楼一层或者外院空间用来贮存和豢养牲畜。

2.3 建筑装饰艺术

2.3.1 室外装饰艺术特征

泸沽湖地处滇西北高原，林木资源丰富。因而民居建筑材料、结构筑件多用木材，但也不乏使用夯土作为建材。室外装饰简洁质朴，通过木质的本色、纹理和温润的触感来展现摩梭人朴实的情怀，一座座木楞房矗立在湖边，墙体圆木粗犷的线条、屋顶黄板的片状纹理以及点缀其中的青石块交织在一起，向人们诉说着原始的自然美。由于藏传佛教的影响，摩梭装饰出现藏化现象。屋顶屋檐挂满五颜六色的经幡，以示崇敬。悬挑的屋顶木板、横向排列的木楞墙壁、风中摇曳的经幡，使得整个建筑显得鲜活灵动，色彩分明，有着很强的视觉冲击力（图2-12）。

受限于永宁地区特殊的自然环境与区位，摩梭民居建筑极少在外墙开窗，因而更加注重朝内院门窗的装饰。摩梭民居门楣上饰以彩色布幅，窗户配之图形不一的几何样式花格纹，做工精细，美观大方。其中以经楼最为突出，外廊扶手采用木雕图案，经堂正立面是镂空雕刻的板墙，其余都是素面实体木墙（图2-13）。

图2-12　室外装饰
（资料来源：网络）

图2-13　门窗
（资料来源：网络）

2.3.2 室内装饰艺术特征

摩梭民居建筑的室内装饰主要以建筑构件的彩绘和雕刻为主。祖母屋内供奉神龛，墙壁上装饰唐卡、冉巴拉宇宙图，色彩鲜明，勾勒轮廓流畅，形神肖似。经堂内部装饰美观精致，雕梁画栋，吊顶部分饰以全彩，走廊、屏壁、经堂、神台都彩绘具有佛教特色的重彩画。壁画、屏画内容有：虎、鹿、獐、鸟雀、象、莲花、流云、佛像等，画风古朴典雅，画面清新艳丽，仪态安详动人。花楼内装饰华丽、造型奇巧。以红、黄、蓝三色作为基调，绘有龙凤彩云图案，木床、木柜、梳妆台做工讲究，配以彩绘花纹，搭配摩梭姑娘艳丽的服装，整个房间显得灵动而有活力（图2-14）。

图2-14 室内装饰
（资料来源：网络）

摩梭人的宗教意识和母系文化彼此融合，并渗透到建筑装饰艺术上，二者相辅相成，具体表现以“万物有灵”为精神，以神秘的幻象艺术形式作为审美对象。使我们可以从装饰艺术背后看到生活与信仰、信仰与艺术的交融与关联。这种意识是摩梭人在特定地域、特定心理下的实践活动与情感表达，是摩梭民居建筑装饰艺术不可多得的原始瑰宝。

第3章

传统摩梭民居空间的性别结构

摩梭人自营造民居建筑以来，性别行为被纳入空间单元里，作为社会规范的重要组成部分。独特的社会制度影响着摩梭居住空间的物质形式，加之两性气质的不同属性，空间结构的差异便应运而生。

3.1 空间组织的构成

格局形态统一的传统摩梭民居建筑，是一个人神共居的场所，其被认为是护佑本家族的神灵、祖先以及家庭成员共同生活的精神空间和物质空间的结合体。在摩梭人的观念里，无形却无处不在的本家族祖先魂灵对自己影响最深，已逝先辈们的灵魂永存，借以无形身躯保佑众生。而不同民居的形式或者建筑材质，在象征意义和其空间机构上都具有一定的相似性。

3.1.1 神灵至上的意识空间

祖母屋在摩梭建筑中既是生活和居住的核心区域，同样也代表了摩梭精神文化的核心。摩梭人的房屋在建造时会将祖母屋的某一面山墙正对着守护村落的神山，而院落中其余的房屋则以祖母屋为中心，环绕在其周围。

1. 上、下火塘

摩梭社会成员“人神共居”思想的另一个现实展现便是火塘空间（图3-1）。在摩梭人的意识观念中，火不仅仅是用以取暖、照明和烹煮，更是摩梭人与神灵沟通的重要通道。祖母屋主室内设置了上、下火塘，朝向神山一侧的靠墙处放置神龛，供奉着摩梭人的祖先及火神，神龛前面是下火塘，放置三脚架和锅庄石，一日三餐放在锅庄石上例行祭祀，以示对祖先和神灵的敬意，故对火塘有诸多禁忌，如不能把脚伸到火塘边上；不能背向火塘吃饭；不能在火塘

图3-1　火塘空间示意图
（资料来源：网络）

前讲脏话、粗话等。上火塘位于和祖母橱式高床方向相反的位置，靠近男柱一侧，这是母屋内的第二座灶台，属于高台灶，只有在红白大事时才生火起用。

与此同时，民居建筑内的火塘还代表着一个母系氏族团体。火作为光明和兴旺的象征，各家火塘里的火要昼夜不灭，预兆这个大家庭美满和谐、运势旺盛。

2. 生死门

祖母屋主室内有两个出入口，一个经由内院通向主室，另一个由主室通向后室，两道门设置在相对的两面墙上，相互错开，呈“Z”字形布局。朝向内院的门供人们日常使用，而后室平时储藏粮食和肉食，人死后，还兼作停尸寄葬之用；同时，妇女分娩、繁育新生命也在此间。因而，通向后室的门被摩梭人称为“生死门”。关于生死口错开之势，源于当地鬼神观念的一种说法：死去的人灵魂脱离肉体，成为鬼魂，无处安身，便会从停尸房逃跑，给人们带来灾祸，弯路对其来说是阻拦鬼魂逃脱的障碍。因而，人们设置了两道错开的门去拦截，生死门布局的缘由正在于此（图3-2）。

图3-2 生死门
（资料来源：网络）

3. 仪式性装饰

摩梭人是虔诚的信徒，与宗教相关的符号、图案点缀在摩梭人的日常生活中。如祖母屋的内墙上常绘有莲花、海螺、火焰等图案，在摩梭人眼中莲花象征着纯洁无瑕，海螺象征着聚财敛宝，而火焰更是摩梭人最崇尚的元素，象征着生机蓬勃。同时摩梭建筑内装饰着许多动物标本，如门楣或室内挂着的羊角或牛角，这些物件一方面表达了摩梭人祈求牲畜兴旺的美好愿望，另一方面也将摩梭人对鬼神的恐惧物化为具体的符号（图3-3）。

图3-3　装饰构件
（资料来源：网络）

在摩梭人的意识形态中，其所居住建筑内的每寸空间、每个构建均受到神灵的庇护，因而他们通过装饰宗教性图案、建造带有传统观念的室内设施等方法来寻求神灵的保佑。正如摩梭人所希望的那样，这种神圣的力量带给他们强大的归属感与幸福感，同时也是摩梭人安居立业、兴旺发达的精神保障。

3.1.2 模式统一的物质空间

1. 主体建筑空间性别归属

祖母房作为传统摩梭院落的核心建筑，必然扮演着主体空间的角色。它为日常生活及宗教仪式提供了空间，是一个人神共居的场所。由于女性文化的根深蒂固，造就了传统摩梭建筑独有的居住空间模式。母屋是女性首领的居住地，是大家庭最重要的空间，在一定程度上可以说是女性文化主导下的以火塘为中心的女性文化空间。祖母屋内有着严格的空间分隔，即男性空间和女性空间。以火塘为界，位于“生之口”，靠近女柱一侧的是女性空间领域，祖母的卧床便安排在此；紧挨“死之口”，靠近男柱一侧的是男性空间领域，设置了男性长者的座位（图3-4）。同时，院落里的房屋均朝向母屋布局，以其为尊。女性的主体地位和绝对权力通过祖母屋的空间结构展现得淋漓尽致，也印证了社会学学者周华山先生的“女本男末”的思想。

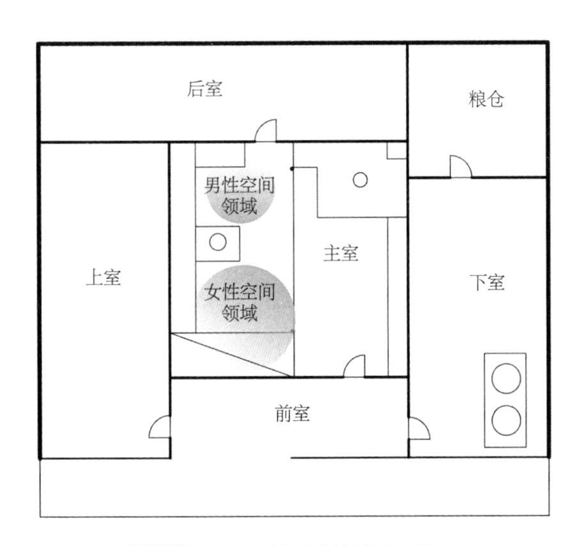

图3-4　祖母屋空间领域划分示意图

2. 附体建筑空间的性别归属

从民居空间设计布局之初的意图方向上看，花楼归属于女性空间，走婚期间的成年女性拥有独立的花房，通往花楼的楼梯设于底层走廊中段，靠楼梯间的楼板平面上，用一花格木杠封住上楼进口，以防他人随意进出，使其享有一定的私密性。成年男性每日奔走于母家和走婚对象的花房之间，没有固定的个人场所。从使用方式的角度考虑，经楼中相对稳定独立的居所是为出家的喇嘛所准备的。由此可见，经楼在使用范围上归属于男性空间。两相比较，男性和居住空间的关系要比女性更为松散自由。在传统文化的影响下，摩梭建筑形成了以女性为主体的独特秩序，强调女性的空间营造，但是基于生理性别和社会性别的差异性而形成的差异空间形式绝不是对立分割的，而是彼此协调，相互弥补，男女共生。

3. 建筑构件的性别色彩

摩梭建筑是摩梭文化的有形载体，为了进一步分析住屋空间的布局形态，消解分析建筑结构的内部、外部是不可避免的。以下是对摩梭建筑中屋面、门窗、柱体以及楼梯的性别属性的分析与阐述。

（1）屋顶

木楞房的屋面用木瓦直接覆盖在木檩上，民间称之为“闪片”“滑板”或“黄板”，木纹顺直，厚2～3厘米，单块宽约20厘

图3-5 木楞房屋顶示意图
（资料来源：网络）

米，长90～120厘米。两块木板竖向搭接，宽平状的卧底，弯曲状的覆盖在上，分别对应雌性和雄性，这种观念是将传统摩梭轴向空间中男女性关系延伸到屋顶的两种木板瓦的概念中。为防止被风吹翻，木瓦上常常压上青石，石头也带有宗教意味，不得随意挪动。为延长使用年限（一般可达四五十年），每年要翻盖一次（图3-5）。

（2）门窗

传统摩梭建筑中祖母屋的门极具特点，顶部低矮，但门槛处很高，凡是进来的人必须高抬腿脚，躬身低头。以示对祖母的尊重、对神灵和祖先的尊崇（图3-6）。经楼的窗子因宗教氛围所需，设置得相对较小，减少了光线的透入，整个环境显得幽暗神秘。花房设有考究的窗子（图3-7），照顾到女性生理和心理双重私密性的需求，既保护室内隐私，防止外人窥视，同时又起到女性走婚时因好奇而探看的作用。

图3-6　祖母屋门框
（资料来源：网络）

图3-7　花房窗子
（资料来源：网络）

一般而言，门窗是为满足人们日常生活最普遍的建筑构件，但对于摩梭人来说，传统门窗的设计更是心理和情感上试图得到关照的诉求。虽然建筑外墙很少开窗，但摩梭人对于内院门窗的装饰显得极为重视，无论从形制、纹样还是颜色上都表现出了女性的细腻，具有强烈的女性文化特质，是其由意识向物质层面转化，并在建筑上得到拓展延伸，完成具象外在形式演变的表现。

（3）柱体

26根承重柱支撑起了整个祖母房的建筑空间，其中最主要的就是男柱和女柱。靠近通往内院出入口的是女柱，通往后室出入口的是男柱。男女柱必须要在同一棵树上截取，顶上一节为男柱，根部一节为女柱，寓意女为根的文化内涵。为孩子举行成年仪式时，男孩、女孩分别相对应地站在男柱、女柱前。男女柱体现了摩梭独特母系文化的性别结构与观念，以及人与大自然一体的宇宙观（图3-8）。

图3-8 男女柱
（资料来源：网络）

（4）楼梯

传统民居的楼梯以木质板材为建筑材料，梯身造型狭窄，和女性窈窕小巧的身材相适应。另外，为了节省建筑空间，在能够满足基本需求的情况下，楼梯踏步尽可能地缩小，台阶高度尽可能地提升，因而楼梯也呈现出高陡的形态，迎合着女性天生的灵活轻便（图3-9）。

摩梭民居建筑材料以木为主，回归自然，温婉柔和，从构件到装饰都可以看出摩梭人对自然以及女性的崇拜。正如生态女性主义学者觉得女性更倾向于自然一样，触感温润的木材营造了温馨的家居环境，更符合女性文化的主题。

图3-9　楼梯
（资料来源：网络）

3.2 空间的分配和使用

特定的社会制度规划好家庭成员在民居建筑中的空间格局，男女进入分属于彼此的空间范围后，规范空间属性的准则又因社会对人们行为、观念的期许而进一步衍生出来。空间犹如一个内核，众多标准犹如层层外衣，被标准包裹的空间愈加坚固、愈加健全，一个完整的秩序体系就这样形成了。

3.2.1 民居空间内部成员的交流与互动

1. 异性相处的空间与互动

新住屋建成后，家庭成员进驻属于自己的空间。老年女性和未成年孩子居住于祖母屋内靠近下火塘和女柱区域；不再走婚的老年男性居住于祖母屋内上室空间；成年女性入住独立的花房；成年男性作为母系家庭内部游离分子没有固定之处，如果没有出去走婚，一般就在草房里睡觉。在旧有社会规范和习俗的遮掩下，摩梭人并不会对建筑空间分配、占有和使用的不均不公产生异议，更不会计较利益得失，日常生活中的劳动分工与合作也呈现一片祥和的景象。男女劳动力性别分工依照自然体力而分为男干重活，女干相对轻一些但需付出时间长的活计，女性的劳动时间农闲时要多于男性，以下为瓦汝家三个主要成员一天的工作日程（表3-1）。

工作日程 **表3-1**

姓名	性别	年龄	家庭角色	生活、工作时间及内容	总计工作时间
司给	女	62	母亲	6点起床，烧火、煨水、烧香、烧茶祭茶，做早饭； 7点半吃早饭，饭后喂牲口，煮猪食、喂猪，赶牲口出门； 10点左右挑水、洗厕所等； 12点做午饭； 13点吃午饭，饭后砍猪草、喂猪； 16点左右换佛堂祭水、烧香； 17点左右喂猪，牲口回来喂草、关好； 18点左右做晚饭，饭后静坐数佛珠； 22点左右到经堂点灯、磕头，然后睡觉	14小时
鲁若	男	39	长子	6点到8点起床遛马； 8点吃早饭； 9点划船或出租马匹； 13点吃午饭； 19点收工吃晚饭； 20点到22点参加村里营业性跳舞； 22点睡觉	11小时
娜珠	女	32	女儿	6点起床，挑水、烧火； 7点半吃早饭； 8点开始下地干活或砍柴（一天砍三转）； 13点左右吃午饭，饭后干活，收工早就帮家里干活； 19点左右吃晚饭； 20点到22点参加村里营业性跳舞； 22点睡觉	13小时

对大多数仍以传统农业作为支柱产业的家庭而言，除农忙季节外，男性空闲的时间比女性多得多，一堆儿一堆儿在路边的闲聊者，几乎是清一色的男性，而女性是很少有这种清闲的时光的。即使女性从早忙到晚，男性依然可以悠然地喝茶、打牌。纵然是这种情况下，女性也不会大声斥责，不会冒着失礼的危险闯进对方的空间领域，做出有背礼数和习俗的行为。这是在传统社会制度和空间规范下女性强加给自己的意识：作为“家屋”女主人，为了家屋的幸福与兴旺，任何辛苦都是可以忍受的。

在异性相处的空间里，祖母屋内男女分火塘左右两边而坐，不能混杂，且女性不能跨越火塘；男女双方不能在同一场所谈论两性话题，如有一方提起，另一方就要离场；成年仪式时，男孩女孩分别在男柱和女柱下进行。种种行为表明异性之间的交流与互动有着明确的界限，空间固有的制度让两性在自己的空间内各行其是。男女柱的空间划分就像是一道无形的隔离墙，发挥着阻挡功能，以不僭越彼此界限的文明方式存在着，规范着家庭成员的活动领域，为男女两性具体的行为模式提供道德准则。

摩梭人的性别分工也存在一些矛盾，如祭祀及丧礼中喇嘛念经的经堂妇女不能入内。活动中的主持者都是男性，为诵经的喇嘛们当副手、当招待、抬祭祀品者，全为男性。女人们除了磕头祭祀外，她们的工作是在家制作贡品及上山砍青松枝送到祭祀场，帮男人们做饭等。在整个祭祀活动中处于边缘地位，与在家庭中的主导地位形成了鲜明对比。在日常活动中，以杀鸡为例，杀鸡是摩梭男性的专业，女性是被禁止动刀宰杀牲口的，如若男人不在家，女主人便会求助于邻居男性。这可能是源于古代狩猎习惯的遗存：男性外出狩猎，女性在家加工猎物。男女之间的隔离现象必须通过交流得以调和，但是这样的分工方式是适应并能够辅助整个文化制度构建且顺利完成的必要手段。

2. 同性相处的空间与互动

尊老敬老是摩梭人素有的传统，即使老人有不当、失礼之处也能够被大家包容。在同性空间里摩梭人以长幼作为区分等级秩序的重要标准，与管家、掌财等“职务”角色的划分共同确定了居住空间的秩序。无论男性空间还是女性空间，以火塘为中心的区域被奉为神圣之地，空间的等级划分也由此展开，火塘靠墙立的锅庄石代表火神和灶神，标志尊贵的上方位。长辈坐上方，晚辈坐下方。家中祖母坐在靠近女柱、紧挨锅庄石处，舅舅坐在靠近男柱、紧挨锅庄石处，男女性成员按辈分在火塘周围依次排开，不能够混杂（图3-10）。由此可见，不管男性还是女性相处的空间里，在席位分配上都有着严格的限制，不容动摇。

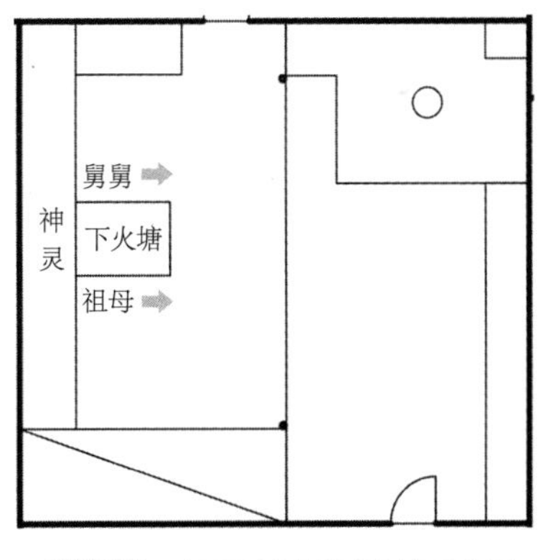

图3-10　祖母屋空间等级划分示意图

从卧寝行为的角度看，老祖母、女主人等长一辈、两辈的女性成员（不再进行走婚的女性）睡在母屋下火塘与女柱之间，晚辈女性成员（因怀孕、分娩等特殊原因住进母屋，但仍进行走婚的女性）睡在火塘与男柱之间，孩子们睡正对火塘的下方或者两旁的橱式木床。对于男性成员而言，只有不再进行走婚的年长男性才能够在母屋上室拥有固定的居所，而成年男性只能在草楼暂居（图3-11）。摩梭民居就这样被划分成多个尊卑有序的空间单元，也是对应了长幼有别的秩序观念的结果。

原则上，成年女性拥有独立的专属空间，看起来相比男性更少受到传统空间规范的束缚，但实际上也只有成年女性享有这项优待。一旦女性成员不再参与走婚便都要入住主室内。日常的生产生活乃至晚上的休息，大家都处于祖母屋中的公共区域里难以分开，更不用说拥有私人空间的可能性了。在空间密度如此大的状况下，相比于男性，女性要更加严格地遵守空间规范，在哪里就寝，在什么时间做什么样的活计，以便在如此狭小的空间内能够满足大家不

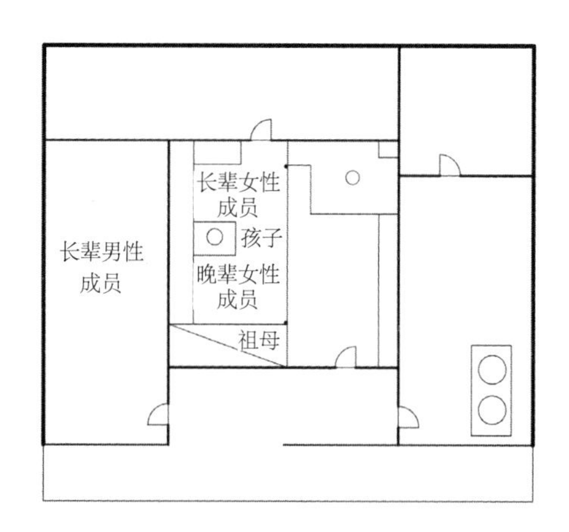

图3-11 祖家庭成员卧寝分配示意图

同的需求。

总的来看，女性与空间的联系范围及程度远远高于男性。一方面，在传统生育观念下，只有女孩被视为延续家屋香火的继承人，也只有女性能够完成传宗接代的任务，因而每个家屋都希望并竭力生育女孩；其次，女孩再多也都会被妥善地安置在花楼里，她们不会像男子一样离开母屋，夜晚居住在走婚对象的家里来拓展除母屋以外的活动空间。当然，即使花楼有剩余空间也是不允许男性去分享的。

3.2.2 民居空间的主客之别

摩梭民居空间不仅规范着家庭成员日常的行为模式，其作为承载社会权力的居住结构，同样的行为划分原则也深入主客之间具体的交往方式之中。

摩梭人热情好客，家家蔚然成风。家屋中下火塘空间是主客交流的场所，无论男女都可以围绕在火塘边畅所欲言，客人不用很拘谨。但在摩梭人眼中，如果客人问及主人父母、配偶、儿女等家庭情况时会被认为是无礼的行为。客人由女主人接待，在这个空间里有严格的性别及长幼尊卑秩序：摩梭人以上方为尊，下方为卑；右方为大，左方为小。靠近神山一侧的下火塘处设置锅庄石，供奉神灵和祖先，代表尊贵的上方位置，相对应的方向为下方位置。以坐北朝南的祖母屋为方位参考标准，面向上火塘，女柱方向为右侧，男柱方向为左侧。家庭成员落座的顺序依次为：长辈坐上方，晚辈坐下方，女坐右方，男坐左方。当有重大仪式活动时，家中的女性首领，即老祖母或者当家人坐在下火塘右方，首席位置。摩梭母系大家庭火塘边的座位分配突出了“以女性为中心”“以女主人为轴心”和“以火塘为神圣之地”三大特点（图3-12）。

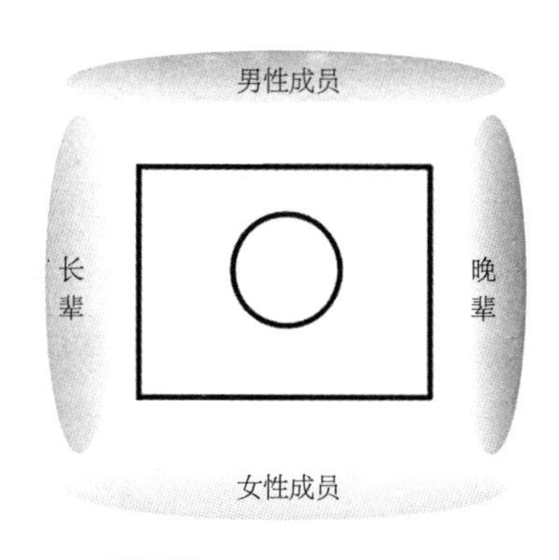

图3-12 家庭成员入座示意图

家屋接待贵客时，入座在火塘左侧紧挨锅庄石处。坐定之后，女主人端来茶点，并制作饭食，家中男性坐在火塘左侧烤茶、待客、闲聊，把砖茶放进小瓦罐，伸到塘火里去烤，然后把茶叶倒进搪瓷缸里加水熬出浓茶，给在场的客人每人一杯。女主人祭奠火神、灶神完毕后，便可以开饭。饭食在一张矮炕桌上铺开，这里值得一提的是摩梭人特殊的待客礼节：客不吃，主不饮；客人来了，先请客人吃，客人吃毕，主人才吃。摩梭人待客时，女性绝不陪客，而是家族内部的男性成员全权代表女主人接待访客。如若接待家庭因人员安排不方便应酬时（男性成员外出劳作），客人独自进食，女主人坐在一旁斟酒添饭夹菜，自己却不吃。饭桌上还有一个不成文的规矩：客人使用的碗要时时装满食物，如果见到碗底，会被认为是招待不周，使摩梭人感到羞耻。客人吃毕退席，矮炕桌撤去，女性成员们开饭，按长幼尊卑的顺序，各就各位，男性盘腿而坐，女性跪腿侧坐。

留宿在家屋的客人也要按男女性别分开，女性和老幼妇孺睡在祖母屋内，男性则安排在草楼或者经楼一层的房间。

摩梭人的待客礼仪还因客人的文化背景而有所不同，以前主要以民族来区别对待。受汉族文化影响以及多民族杂居使得摩梭人对其他民族习惯有所了解。除了尊贵位置不能动摇之外，男女有别的要求大多只针对本族客人，对外族客人则不作硬性规定。

3.3 场景性空间与社会性别角色

从人们的固化思维来看，区域、场所就是空间，人物活动所构成的关系结构就是场景，而本课题所研究的场景性空间指在特定时间、空间内发生一定的任务行动或因人物关系所构成的具体生活画面，具有即时性空间的特质，即在某些因素的变化下同一个场所可以产生不同的场景。如前所述，摩梭民居空间的划分并不丰富，而在空间有限的情况下依然要满足人神共居的需求，满足日常生活和举行神圣仪式的需求。那么显而易见，单调的空间与多样化的生活需求必然会产生矛盾。然而看似千篇一律的住屋空间却有着极强的适应性功能。虽然场景的需求发生了改变，但是每个空间都能遵循一定的原则，并迎合这些新的需求转变为具有相应功能的新场所，创建新环境和新氛围。

摩梭人的圣俗观念是生活空间进行场景性转变的前提和关键；宗教祭祀、婚丧嫁娶、节庆礼仪等是转变的主要原因；世俗空间神圣化，即打破日常行为模式来满足特定场景的需求是转变的主要方式。摩梭人信仰“万物有灵”，因而尊崇各路神灵，他们认为只有心怀敬意，优先让位于神灵，才能蒙受眷顾，保佑家族平安兴旺，子孙绵延不断。所以在灵魂崇拜的影响下，本该属于家庭私有的住屋空间在被神圣力量介入时，平日惯用的行为规范、活动标准自然而然地被另一套制度所取代。

日常生活中，摩梭住屋属于完全私有性质的居住空间，主客有别的观念使得主人和客人之间的行为规范有着严格的界限，并赋予了主人绝对的支配权和主动权，双方在被定义的范围内各行其是，并享受着空间带来的安全感和舒适感。但当主人对某些特定的场景有需求时，便可以将日常行为模式完全颠覆。此时家屋里的客人不再是配角，而是成为特定场景的主导者，如能与神灵沟通的神职者在家中进行佛事活动、祭祀仪式时，主人必须遵从其指示，尽力满足其各种需求，并让出家中最神圣的空间供神职者布置摆弄。

在传统的摩梭社会中，通常由达巴和喇嘛扮演神职者的角色，均为男性担任，所以男性更容易获得因拥有某些神授权力而改变角色的机会。作为普通的社会成员，达巴在日常生活的框架下受传统生活行为规范的限制，在自己的空间内按照社会对男性成员的要求，老老实实、规矩行事。但在需要达巴的场景里，情况则截然不同，所有人的角色发生了转变：主人不再是掌控支配权的主人，达巴也不再是恭敬谦逊的访客，而是操控各个程序和他人言行的领导者。特别是整个仪式过程中，他可以落座在最尊贵的家中女性首领的位置，根据仪式需求被允许在重要空间自由行动，指导家庭成员具体的操作方式。此时，传统行为规范让位于另一套以“超能力”为准则的秩序体系。例如在举行成人礼祭祖祭神时，达巴可以在母屋内设置祭坛，在神圣空间内诵经摇鼓、挥刀舞蹈。在这里，“神力”代替“性别”成为区分空间的依据，优先于世俗规范的神灵观使得男女在不同空间的角色转换成为可能。

从传统上讲，摩梭民居的形式是代代相袭的，以合理性为基础，以秩序性为框架。每个家庭成员都在极力规范言行举止去适应自己的空间，适应自己的角色，并享受适当空间和行为所带来的轻松自由。

第4章

居住空间与社会性别角色的演变

建筑空间能够改变、控制一个人的行为和意识。在符合区域文化体系的原则下，将社会成员及主体行为方式分别安置到按功能划分成的不同空间单元内，并在此过程中，不断建筑新的标准、等级、权力结构，以防止空间秩序出现混乱，使社会生活有条不紊地进行。相较于传统民居空间的功能分割，摩梭人更偏执于空间的场景性和兼容性，即按照成员需求灵活改变空间的功能内涵，使同一空间能够兼具并融合不同的功能和用途。与此同时，社会成员在这个动态的过程中，角色的扮演、个体的行为、责任的承担均随着场景的变化而变化。随着经济社会的发展，在外来文化刺激和影响下，摩梭民居开始重视并有意识地将空间功能按生活用途进行划分，社会成员和行为重新被安置在新的格局下。这种变化无疑导致传统空间规范体系失去原有的物质载体，空间秩序开始松绑。加上新的空间形式千差万别，变化的速度远远超过摩梭人行为观念的转变，因此，想要第一时间制定一套切实可行的空间标准供大家参考、遵守可谓是难上加难。

4.1 居住空间格局的变化

摩梭民居空间的变化重点在于把家庭成员及行为重新纳入依照功能划分的不同空间单元，这意味着摒弃了依附在空间格局上的各种传统秩序规范。在这个进程中，随着空间场景的改变导致活动主体承担不同身份角色，行为也随之发生变化。

4.1.1 整体格局的变化

为了便于描述，并综合调研区民居的现实状况，笔者将摩梭民居的建筑分为三种形式：传统型、过渡型和现代型。具有井干式、“回”字形、上下火塘、男女柱四个传统要素的民居归为传统型民居；符合部分要素需求，其他局部有所变化的民居归为过渡型民居；其余的民居归为现代型民居。在此需要明确的是，一方面，民居形式会受到建造活动所处年代的影响，这三种民居类型依照建造时间的先后顺序分别为：传统型民居、过渡型民居、现代型民居。但是有部分民居在归属及建造时间上呈现不同步性，尤其以过渡型民居和现代型民居的建造时间最为模糊，很难有清晰的界限进行划分。比如，归属于现代型的民居在建造时间上却和过渡型民居有交叉。这部分民居主要以经济为参考因素，施工简易、价格低廉。另一方面，民居建筑类型受时尚因素影响比较大。

屋脚乡利家嘴村（图4-1）是调研区内比较完整地保留大量母系家庭院落的村落。由于建造时间较早，

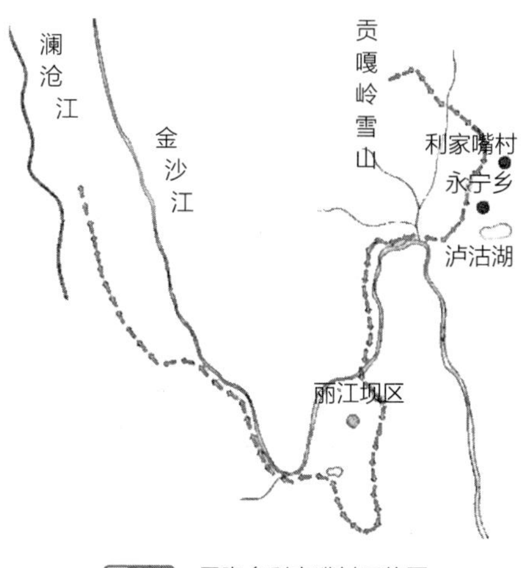

图4-1　屋脚乡利家嘴村区位图

受外来文化的影响较小，原有的格局和建筑材料基本保留。

永宁坝区及泸沽湖周边这种旅游业比较发达地区的民居，以过渡型和现代型民居为主。传统民居多通过被租赁或屋主人自行改建的方式以适应旅游接待的需要。因此，部分房间功能变成具有旅游接待性质的客房、餐饮等场所。

过渡型民居（图4-2）主要有以下几种情况：

第一，瓦屋顶，多见庑殿顶和歇山顶，墙体采用空心砖、红砖或夯土的形式，局部使用木楞子装饰，地面水泥铺砌，院内绿化环境有所改善。

第二，祖母屋“回”字形骨架基本保存，前室墙体取消，变成开放空间，厨卫功能独立，人畜空间分离。

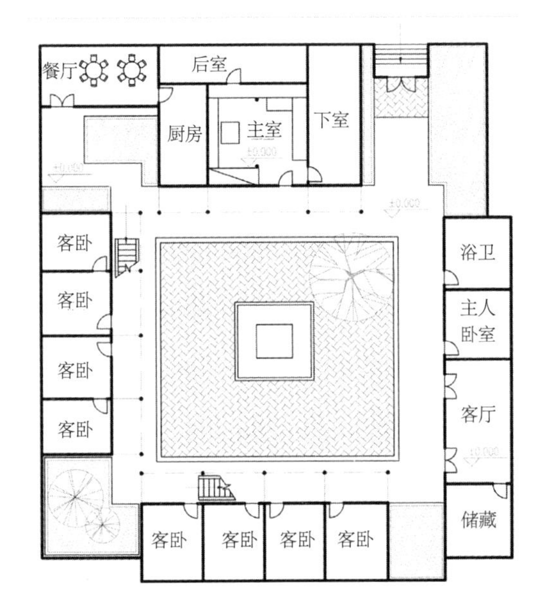

图4-2　过渡型民居一层平面图

第三，院落部分空间作为旅游性质空间，设置客房、卫浴室供游客临时生活起居。

第四，家访性质（供游客参观）的母屋，为保留传统面貌，只将上下火塘合二为一，另设一台灶，取消的火塘空间被游客接待场所替代。

第五，在母屋装饰上更加考究，厅堂用六合门，耳房门窗加雕饰，灶台用瓷砖贴面，橱柜刷上亮漆，木板屋顶上设置玻璃亮瓦，增加室内光线。

现代型在此是对多种民居类型的代指。这种完全不同于传统住屋又形态各异的民居类型，代表了人们多元化的审美观念和价值取向的转变。调研区的现代型民居施工时间较早，主要有以下几种类型：

第一，汉式瓦房。基本形式是：不起楼，地面作房屋地板，材料多为现代建材，如墙体使用红砖砌筑、水泥铺设地面等。空间规划简单，根据家庭规模和人口需要确定空间的用途，一般划分的主要空间包括客厅、卧室、储物间、厨房等。在新兴的住屋格局里，尽管改变已经波及建筑的外观形式、功能布局，乃至基础的配套设施，但依然有部分原属于传统民居的具有代表性意义的元素，出现在了新的民居空间内。比如永宁乡温泉村的一栋“L”形民宅，平面按照用途划分为七个功能性房间（图4-3），是夫妻二人组建的小家庭，和年幼的女儿一起生活在里面。传统火塘作为进行各种礼仪的场所，尽管现实生活中很少使用，仍保留了下来移进火塘间，以备不时之需。

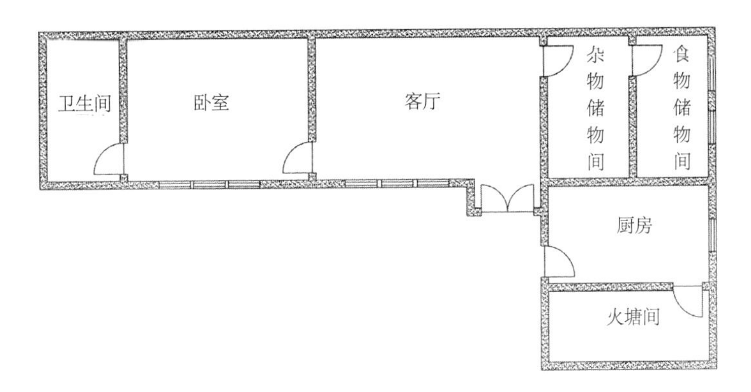

图4-3 L形民居平面图

第二，楼房。建筑格局大致分为两种：一是整个母系大家庭建盖一栋楼房，为所有家庭成员提供活动空间，满足日常生活所需，更主要的是楼房作为财富的象征，很大程度上满足了人们的精神需求。这种情况下，家庭掌握着绝对的建筑所有权和使用权。二是外来者使用一定方式取得土地使用权后建盖的楼房，即“民宿”，属于比较彻底的旅游性接待空间，为游客提供舒适宽敞的环境，所有接待、饮食、住宿等功能均安排在建筑里面（图4-4）。建筑所有权和使用权归属外人所有。

在摩梭人心里，每种类型的民居都有着其独特的价值。虽然在实际生活中，已经少有人愿意再去建造传统型民居，但是，祖母屋浓厚的文化气息却是当地人心中难以释怀的眷恋。过渡型民居的代表——汉式瓦房，施工简易、建材便宜、造价低廉，是那些经济状

图4-4　泸沽湖区旅游客栈
（资料来源：网络）

况较差的家庭建房时的最佳参考。楼房是调查区内最受追捧的民居形式，代表着大方向的潮流趋势，是一个家庭富有的象征。虽然当地人已经意识到这种新式房屋不如传统住屋那样适应区域的气候条件，但是无论是从建筑结构还是使用材料方面考虑，人们仍不惜花费大量的金钱和精力去建造一栋楼房来争取物质生活之外的精神享受。

纵观建筑文化发展的历史，大体呈现两种脉络，一种是在自身体制内一环扣一环的传承延续式发展模式，另一种则是像摩梭民居建筑这样跨越式的非承袭发展模式。选择遵循哪一种发展模式，固然传统空间规范具有很大的惯性，但最终取决于居住在其内人们的思想观念和对预设理想的期盼。

4.1.2 核心空间的变化

现代型民居整体格局的变化必然会导致一些重要空间随之发生变化，或调整，或取消，或演化成新的空间形式。

1. 神圣空间

在许多新的住屋里，人们不再过分强调传统神圣空间，神圣物件被简化、象征化、符号化。由于林木保护政策以及现代居住因素的影响，具有传统意义的男女柱作为传统民居中至关重要的因素已不复存在，只是将相对应方位上的神圣意识保留。男女柱形式的弱化导致划分两性空间的物质基础消失，人们意识中的性别空间变得模糊起来，凝结其上的两性行为规范产生动摇，因此很难再要求男女在各自的空间默默坚守原来的行为规范。

2. 火塘

火塘空间同样也发生巨大改变，真正意义上的火塘消失，以其为中心进行的众多传统仪式也失去了存在的场所，甚至有些年轻人家庭不作火塘的设置。值得注意的是，为了满足接待旅客需求，火塘发生了另一种变化形式，两个火塘合二为一，被取消的火塘空间改为接待游客的公共区域，同时祖母屋作为大家庭公共活动空间的功能被延续。这种变化彻底打破男女两性空间互为禁区的桎梏，以性别为主形成的传统空间秩序在此得以松动，并逐步被以年龄为标准的秩序所替代。在同一个空间中，两性围绕火塘，共同探讨话题并且交流互动，体现了公共平等的精神。总体上讲，空间对男女两性活动、领域的限制和隔离被取代，而促进两性融合、交流的居住空间格局开始成为主流，这种处于过渡时期的空间形式才是真正意义上的现代公共空间（图4-5）。

图4-5　祖母屋接待空间
（资料来源：网络）

3. 厨房

厨房功能从母屋中抽离，人们使用炉灶和电器代替火塘完成日常烹煮功能（图4-6、图4-7）。家屋文化认为待客时没有女性围绕火塘操持厨房事务是没有面子的事，而在新住屋中，传统火塘对女性的束缚被解除，男性同样可以作为下厨备餐的主力军。与

图4-6 传统摩梭厨房空间
（资料来源：网络）

图4-7 现代摩梭独立厨房空间
（资料来源：网络）

此同时，用餐环境也随之改变，家庭成员围桌而坐，不必再严格坚守男女有别、长幼有序的标准。传统规范的效力在新兴的空间准则下逐渐衰退（图4-8）。

图4-8　摩梭家庭成员用餐环境
（资料来源：网络）

4. 卧房和寝卧行为

卧房被独立分隔出来，对于祖母的床铺要连接公共活动空间的规定在此得以松绑，祖母可根据自己意愿进行选择。现代型民居没有明确男女空间的划分，因此与传统空间格局息息相关的寝卧文化也随之改变。家中男性可以自由选择自己独立的房间，使得男性与空间的关系更加紧密，更重要的是卧房的设置改变了摩梭男女晨分暮合的习俗，使双方实现真正意义上的生活在同一个屋檐下。即便是孩子，其寝卧空间也可独立固定，或依附于母亲。

5. 客厅

在现代型民居中，客厅是摩梭人按照功能规划空间的结果。不仅符合旅游接待要求，更是生活行为演变的具体表现。在过渡型民居中客厅空间主要有两种形式：一种是改造过的祖母屋内取消某一不特定火塘以腾挪出更多可使用的空间，另一种则是院落首层某局部空间用来接待会客。男女间的交流方式在不断变化的空间结构中得以重建，实现了在同一个空间内两性成员没有约束且全面的交流。独立客厅是摩梭民居空间里全新的空间形式，这里没有火塘，也没有围绕火塘衍生的尊卑方位，沙发、长椅等家具作为客厅的配套设施改变了男女固定的落座规范，以及单人单坐的行为习惯，无形中也冲击着传统的秩序体系（图4-9）。

同样是居住的核心空间，是家庭成员汇聚的场所，客厅对人们行为的要求及营造的氛围相较于传统的祖母屋已经被彻底颠覆，电视、音响等现代设备的引入使得摩梭人可以享受自由的空间，不用再顾虑旧有的规范制约。

图4-9 摩梭客厅空间
（资料来源：网络）

4.2 居住空间格局变化的原因

4.2.1 筑屋观念转变

摩梭人转变居住理念，能够出现众多有别于传统的民居类型。破除迷信、提倡科学的教化活动削弱了人们对超自然力量的信仰，对自然敬畏的下降使得建造和居住过程中的一部分仪式和观念也随之弱化或消失了。从居住环境的选择上考虑，人们逐渐由过去祈求“灵力”保护转为对现代地理、经济、交通等方面的考虑，临近城镇、公路等位置受到欢迎。民居出现了为满足其他要求的改变而降低对神圣性要求的现象，因此，各种以民居建构为核心的工序、仪式随之改变。

4.2.2 居住主体的转变

1. 家庭观念的转变

历史上，由于摩梭人生活生产能力有限，个体的小家庭模式难以孤立地存在，因此形成了以血缘为依据的母系大家庭集体合作模式，在生产力极不发达的条件下，这可以说是最优化的解决方案。大家庭意识观念、成员共居的生活模式为当时境况下的人们提供了最坚固的生存基础。如今，生活条件和市场环境的改善极大地提高了保障生存的可能性，集体居住合作开始为人们所诟病，导致了大家庭模式逐渐被多样化的社会生活模式所淘汰。人们的价值观开始挣脱母系群体观念，减弱了对大家庭的依赖，个人本位、个体发展开始主导自我，逐渐信奉并寻求独立，希望依靠自己的能力争取生存空间。人们对家庭规模认知和意识的转变，促进了空间的新发展。另有因利益相争、兄弟姐妹不和睦而提出分家者，也是产生家庭观念转变的诱因。

2. 家庭结构的变化

家庭结构和功能的变化是居住空间和格局改变的关键因素。泸沽湖地区由于历史上实行过的“一夫一妻”婚姻政策以及受现代婚姻理念的影响，越来越多的年轻男女选择以结婚的形式组建属于自己的小家庭。计划生育的实施使生育行为受到节制，导致可生育孩子的数目迅速下降，每个小家庭抚育1～2个孩子，相较于在传统的母系大家庭里，父母有更多的时间陪伴孩子，有更多的精力照顾孩子。这些政策和理念对于摩梭家庭而言有着巨大的影响力，可归结为以下三方面：一是家庭成员数量减少；二是家庭成员性别结构发生变化；三是家庭模式呈现小型化、分散化现象。另外，在家庭人口数量如此少的情况下，孩子们很难再因性别观念而受到区别对待。在建造新住屋时，生育两个男孩的家庭和生育两个女孩的家庭需要考虑的内容是一样的。无论男女，其生活空间问题都能得到妥善安排，尤其是独立的卧房。

4.3 外在因素的影响

各种外在因素也影响了传统摩梭民居的变化。建造技术的发展为建筑形式的多样化提供了可能性，同时，国家制度、资源变化以及审美取向等因素也是导致民居演变过程中不可忽视的重要原因。

4.3.1 技术影响

建造技术最直接地改变了民居形式。技术发展提供了更多快速、经济、高效的解决方案，影响了技术范式的变化。在过去相对封闭稳定的环境中，人们的选择很有限，一套有效的解决需求的技术方案会被持续地传承下去。但是当出现了更为有效的选择时，建造技术就可能会发生改变，新的建筑类型也开始出现，以楼房为代表的现代型民居建筑就是建造技术发展的典范。

技术因素不仅会影响技术范式，还会影响精神范式。从木楞房向汉式瓦房再向楼房的转变，伴随着火塘空间的消失，相应地，与火塘相关的建造仪式也随之消失，最终解除了火塘作为精神空间对于男女两性的禁忌。

4.3.2 政策管理

国家层面的制度对民居形式的改变产生深刻的影响。一般情况下，对于被定义为传统建筑文化的保护区域，政府会出台政策明确限制该地区的总体布局规划、建筑形式、建筑高度等，保护和保持传统建筑群落原汁原味的风貌。所以民居形式会受到权力因素的影响，进一步导致当地居民的选择受到制约。本书调研区域没有施行统一的建筑规划政策，当地人选择民居形式的范围扩大，因而能够呈现各种各样、形态不一的建筑形式。

人口增长、生产方式落后导致林木资源减少，天然林保护工程启动后，切断了人们直接向自然界获取木材的渠道，木材获取难度加大，增加了人们选择新材料、新结构，甚至新建筑类型的倾向。

4.3.3 旅游刺激

旅游业迅猛发展，大量外来游客涌入，对居住空间环境舒适度及住宿数量的需求与传统民居建筑产生了矛盾，刺激摩梭人去寻求解决方案。为了最大限度地满足旅游需求，建筑密度增加，规模越来越大，高度越来越高，井干式结构逐渐被取代，人们开始热衷于对现代建筑的吸收和效仿，室内空间布局趋近现代人的生活习惯。但是由于缺乏统一的指导与管理，改建、扩建、新建的民居大部分是在自发的情况下建造的，因而无论是民居建筑结构、外观，还是居室环境都呈现良莠不齐的状态，由此衍生的民居空间部分功能的变化也是摩梭人对现有状况的合理回应。

4.3.4 追求时尚

摩梭人追逐潮流趋势，有时改变传统模式不是因为不合理，而是新兴模式象征某种地位和排场。在本书调研区就呈现出以楼房为时尚潮流的趋势，或许可以看作是新一轮的民居形式统一化和同质化的进程。实质上，无论从形式、材料、布局、惯性，还是角色分工等方面来考虑，在本地区文化体系下建构传统木屋是更符合摩梭人生活需求的。纵然现代居住格局和当地人传统生活行为模式格格不入，存在诸多不便，但楼房这种新兴的民居形式依然受到追捧。此时它不只是提供生活空间的物质形式，更是关乎家庭地位、排场和荣誉的凸显。在这里所有的不利因素都要让位于关乎面子的事情。看似脱离原有文化内涵的改变，归根结底都是居住者自己的选择，不管其是否真实自愿。

第5章

传统性别空间规范效力的衰落

空间格局规范社会成员的行为，附带着有意识的期待与引导的作用。相应地，社会成员的行为又强化了空间规范的作用，不同空间的规范意图通过不同场景下的行为方式得以实现。传统摩梭人村落是一个相对狭小的、在有限的区域内进行高度整合空间标准与模式的社区。以家庭为单元，个体在空间规范的框架下生活行事，并不断注入新的原则来建构和巩固传统的空间格局和体系。地域封闭的特点使得规范作用愈发突出。然而在新的情况境遇下，大量外来文化涌入，摩梭母系制坚固的堡垒被打开了一个缺口，社区环境改变了，民居形式改变了，那么空间规范的效力必然会发生改变。

5.1 对空间变化的反映

空间对应于性别行为和性别意识的规范，随着民居空间格局和形态的变化而变化。但在两者之间的转型过程中必然会出现拉锯现象，这也是事物向前发展、推陈出新的必然阶段。人们在追求新颖的建筑形式、现代化空间功能的喧嚣后，借由传统惯性影响，记忆中的仪式及其带来的仪式感再次被唤醒，人们又开始怀念母屋的安静祥和和秩序。因此，在现代型民居建造过程中，恢复旧有风俗习惯的做法屡见不鲜：动土要祭拜，起火仪式时要求男性点火、女性架锅，类似这样的性别分工行为再次回到人们的日常生活中来。

总的来说，摩梭人对这两种不同时代的民居类型的态度具体表现为：在生活中修改、削弱传统的印记，但在特定活动、仪式中却选择保留、展示传统。

5.2 权力空间斗争

摩梭传统民居空间规范有着强大的掌控力，严格要求男性和女性在各自独立的空间里践行固有的预设标准。空间的禁忌在成员密集的熟人社会里显得更为突出。除非这种空间秩序开始松动瓦解，否则任何一个摩梭人都难以摆脱约束。

5.2.1 同性间的权力斗争

一般而言，一个传统的摩梭家庭是由拥有着同一个母系血缘关系的成员组成，这种结构下保持着三到四代的亲属关系是正常的状态，以女主人为参照对象，女主人的母亲及其兄弟姐妹为第一代，女主人及其兄弟姐妹为第二代，女主人的女儿及其兄弟姐妹为第三代，女主人的孙女及其兄弟姐妹为第四代。排除了由男娶女嫁或是招婿上门的婚姻形式形成的婆媳、翁婿、姑嫂、妯娌等容易产生矛盾的关系。理想状况下，这个家庭将拥有均衡合理的性别结构，以及团结和睦的家庭关系。这样既会有后代保证“母屋”的延续，又可以实现和谐的家庭分工从而给“母屋”带来成功和兴旺。这个家庭将拥有面子和声望，获得邻里的羡慕和夸赞。因此，通常情况下，摩梭人选择异居走访的婚姻形式，终生居住在自己的母亲的家屋中；一般不分家，几代人共居一个母屋空间，形成以母系血缘为纽带的大家庭。母屋的这种传承方式正好配合了摩梭传统社会中女性中心文化的存在，为女性提供机会继续掌握家庭财权，也使女性获得权力变得更加顺其自然。

在不借助科学手段的外力下，人们能控制生育行为，但不能控制生育结果，因而，母屋血缘系统内家庭成员繁育后代而形成的性别结构是个充满未知的结果，可能存在的几种情况是：生育的下一代全是男性，导致大家庭缺少女性而危机“母屋”的传承；生育的下一代全是女性，导致缺少男性劳动力而减弱了大家庭的生产能力；因某种原因，没有生育下一代。无论哪一种情况，都并非是一个理想状态中摩梭大家庭的性别结构关系。这其中，不乏女性与母屋空间权力的特殊性引起的矛盾。从一个家庭内部女性权力更迭的角度来考虑，纳入新成员，重新调整性别结构是最好的解决方式，具体途径为：一是通过过继其他家庭的孩子（尤其是女孩）来保证母屋香火的延续，过继可以选择和本家有血缘关系的家庭，亦可以没有，范围不受限制，这是最快也是最直接的方法；二是改变部分家庭成员（多指男性成员）的异居走婚形式，通过结婚或者共居走婚的形式将配偶（多指女性成员）纳入本家，不仅弥补了现阶段的成员结构缺陷，日后其生育的孩子也顺其自然地被视为本家母系血脉。在这种状况下，一方面母屋吸纳了新女性成员，重构了家庭性别结构，另一方面母屋也面临着本家母系血缘被新的母系血缘彻底取代的挑战，但相比于此，对于摩梭人而言，拥有一家之主使母屋一直传承延续下去是更重要的事。不同家族内部的女性也通过这种方式实现了空间权力的转换。

然而，在现代生育政策、育儿和教育意识的双重影响下，生育后代数量受到限制，许多年轻父母认识到男孩女孩应受到同等的重视。因而不再过分纠结于一定要有女孩作为“母屋”继承人，观念的转变使得母屋空间与权力掌控候选人的矛盾得到缓和。但由于摩梭人母屋观念的转变还处于过渡时期，尚未完全颠覆传统，摒弃“养女续根、养儿续亲”的意识。

现代背景下还存在的一种情况是：家庭内部的长女或者有能力的女性被视为下一任母屋空间继承者，而这位女性因个人经历或个人观念（教育、外出打工等）的原因不愿留下承袭家屋，双方互不妥协，因而冲突就会产生。由此，我们不难看出空间和权力之间的摩擦引起的家庭问题还需要人们花心思去解决。

5.2.2 两性间的权力斗争

传统摩梭民居空间内，两性在固定独立的空间里行事，遵守着空间结构和社会规范对性别行为的要求。然而，新兴的民居形式打破并颠覆了两性权力在居住空间里的分配。但是众多的建筑形式千差万别，很难像过去的传统住屋那样有着统一的物质模式，因而短时间内在新出现的民居建筑中形成另外一套空间规范，为社会中的男女、长幼、尊卑关系提供统一的行动指令是不切实际的。但不可否认的是，人们对传统空间规范认同的惯性依然会在特定情景并需要依照一定原则时有所体现，它对社会所有成员实行统一的准则，但是随着现代化生活理念和居住模式的渗透，人们对仪式性场景的诉求减少，对空间特殊性的需求减少，越来越多的人更愿意生活在摒弃传统规则，转而以功能性、便捷性、舒适性为核心标准建构的空间内。

从目前摩梭民居空间的格局变化趋势看，火塘的形式及位置发生改变，厨房成为独立空间，这意味着在以火塘为中心的传统民居空间内，其行为主体和方式将发生变化。简言之，火塘的主要使用者将不再局限于女性。随着火塘合二为一，空间分隔取消，制约着男女两性的空间规范失效。两性围着火塘共事，以至于接待客人时，男性成为操持厨房事物的主要负责人等行为事件的出现，直接体现出传统空间对两性行为规范作用的式微。

值得注意的是，在两性分工方面，摩梭人仍遵循“男主外、女主内”的传统模式，但其内涵也已经延伸。男性的对外交往中经济活动已经成为主要内容，如联系客源、信贷等。女性的“主内”，除理家外，接待游客已是一项重要的内容。不容忽视的是随着业务的发展，在家庭进行建房、经商等重大决策时，男性越来越拥有话语权，其处于主体地位的情况在逐渐增大。这是在家庭与社会扩大了联系、家庭生产与社会生产紧密相连的情况下，促成了长期活跃于社会大舞台的男性的优势得到进一步发挥，从而扩大了他们的权力。但对于女性而言，传统的性别分工练就她们的是“主内”的能力，难以走上社会大舞台，在社会化程度加大的今天，女性仍只能在“主内”范围内增强自己对新的已经演化的分工的适应力。

这种无形的渗透及其对摩梭母系文化结构施予影响的结果是，使得“铁板”一块的母系文化聚合力出现了一定的缝隙：女性处于劣势，歧视妇女的观念滋生，出现了某种程度上的男权统治。

5.3 权力空间的拓展

男女权力结构的重新分配因为城市化生活和现代化进程得以实现，更多的人通过读书、务工、经商、婚姻等不同途径进城生活，暂且不论男女两性在外面的待遇和境况，就两性摆脱母系空间权力的束缚，在原生家庭外获得自己的空间而言，这个机会是平等的。年轻男女借由生活空间的外移，在新的环境里施展能力，甚至取得令人不得不正视的成就。在这里，不用再遵守成规旧习，空间对个人行为的包容度迅速扩大，不与老一辈人共同居住不会再被视为不孝，也不再是逃避或消极地解决代际间权力矛盾的行为。在新的情境下，人们倾向于离开母屋，离开原生环境的限制，感受居住空间分离带来的前所未有的轻松与愉悦，这一切行为不仅能够展现个体的能力，更昭示着人们踏出追求独立、自由生活的第一步。在新的评价标准之下，传统观念失去了原有的力量和控制力。

由于生活空间的外化延伸，脱离传统住居对男女角色分配、权力划分、风俗禁忌等的制约，男性获得独立固定空间的同时，展示着和女性相同的管理家庭的能力。女性则获得更多自由，将更多的精力倾注在自己身上。

从下面这个案例中我们可以看出代际间的空间分离给实际生活产生的影响。四川省盐源县泸沽湖镇舍夸村的李某，今年73岁，有两个儿子，三个女儿。老三和老四均在城里工作并安家，其中三女儿和丈夫共同在城里经商，丈夫是外地人；老四是家里次子，是一位老师，年轻时在城里读书，后来去了山东潍坊市发展，娶了当地姑娘，是汉族人，有独立住房，不与妻子的家人同住；老大是李某的长子，没有读过书，以前是走婚，对象是密洼的，对象家姊妹多，一起住了几年之后，在新农村建设前他们就离开母屋，独立居住，家里面分了大儿子土地；二女儿是长女，以前也是走婚，现在和母亲一起住在家屋内，实际是现任的当家者、继承人；老五是小女儿，嫁到了五支落，2017年初分出去住了，房子是自己修建的，现在开了一家卖旅游纪念品的商店，时常回来看望老人，帮衬农活。

在同村人眼中，李某的大家庭是幸福的。子女有出息，在城里工作，有自己的住房。尤其是四儿子：有文化、有能力、为人孝顺，是村民们的榜样。李某的四儿子脱离了原有的生存环境和生活方式，摆脱了母系文化空间秩序体系的制约，在新的环境下拥有自己的居住空间，有稳定的收入来源作为支撑，又因为与双方老人分开居住，较少受到老一辈人对生活的直接干涉，相较于传统模式，他掌握着住屋更多的支配权和使用权。最起码在这个夫妻二人共同拥有的居住空间里，对于权力分配的问题，他只需要和妻子商量即可。对于他而言，在迈向男女两性公平享有居住空间的道路上开始有了质的改变。虽然这种方式具有其特殊性，但仍存在着一些争议。但是像李某次子这种通过获取知识和能力的帮助，脱离原生家庭，冲破传统空间规范的束缚，在新环境下创造更多机会获取居住空间主动权的案例，却在周围社会成员中引起强烈反响。

在摆脱空间制约的需求上，在追寻享有独立自由空间的理想上，男性和女性有着共同的认知，从李某次女和小女儿的经历中便可窥见。三女儿进城务工定居，离开母屋，彻底脱离传统空间的约束，独立生活。五女儿和丈夫从母屋中抽离出来，组建属于自己的家庭。在新的空间环境里对权力和自由的渴望得到满足，展示能力，注重个体发展，成就更好的自我，这种潜在可能性的影响力或多或少地影响着那些企图挣脱母系权力光环的女性不断尝试借由变化的环境趋势，以外移居住空间的方式抽身于传统母系空间权力的束缚，脱离传统住屋对女性角色分配、权力划分的制约，获得更多的自由，将更多精力倾注在小家庭以及自己身上。从母系家庭中分离出夫妻小家庭，改“走婚”为嫁娶婚，实质上是对母系文化特有的思想观念、价值判断、生活生产方式的背离，也是一种对父系空间权力的选择。

关于附着在民居建筑空间上的两性权力结构问题的探讨，毫无疑问，即使以女性文化为核心的空间划分标准不再像过去一样不可动摇，但是性别因素依然是未来空间规划需要着重考虑的问题。就两性空间权力结构而言，从建筑的形式和功能、空间的分配和占有、性别角色和行为方式的巨大改变中不难看出，以女性文化为核心的空间划分标准已经开始动摇并逐渐走向瓦解，而这种变化仍在持续发酵的过程中，人们一起朝前推进，向着两性共同的理想发展。不可否认的是，在未来空间规划中，性别依然是重要的参考因素。但就顺应男女两性追求空间自由、独立、平等的大趋势而言，这种变化是不可逆转的。从女性角度讲，一方面因在母系大家庭中的“中心地位”的失去而有失落感，而另一方面，在实际生活中随着承担的压力减小而获得更多的自由。而从男性的立场来看，对母屋责任的增加是不可避免的，支撑整个大家庭的不再只是背负一家之主名誉的女性首领，而是需要男女两性及所有家庭成员一起挑起重担，为母屋的兴旺与发展共同努力。男女两性均受到摩梭传统民居文化的束缚，但程度不一。在物质层面上，女性与住屋的联系比男性更加紧密，具体指生活空间的使用范围、频率和时长。但在精神层面上，女性却更多地受到传统方式的制约，活动行事处处要符合标准。因而，很难讲清楚，在新的住屋环境下哪一方将获得更多的满足感，但可以肯定的是，这种变化是男女双方共同期待的结果。面对变迁，意识的后知后觉导致人们接受现实时显得如此仓促慌张，摩梭人仍需要更多的时间才能认识并接受这种两性行为方式变化的事实和过程。

第6章 结论与展望

6.1 结论

在母系制原则的基础上，摩梭人居住的每个空间，空间内的每个设施都以女性为核心组织建立起来。民居建筑空间形成统一的格局，功能用途的定义、两性成员活动范围的划分、空间的占有和使用过程均为传统母系制度服务，并进一步强化凝结在民居空间结构上的性别意识。这实质上是摩梭人在母系文化体系的指导下，人为地建构了各种空间规范以及与之相匹配的空间格局。同样，社会成员在空间内的各种活动都践行着所制定出来的空间标准。从这个角度上讲，人的活动受到空间格局的制约。摩梭人的传统性别结构在住屋空间上的延续受益于住屋格局的代代相袭。两性成员的权力关系、地位高低，从空间的占有形式、使用方式、作用过程等方面有区别地展现出来。住屋格局无创新的换代，会更加巩固既有的性别权力结构，这表明传统性别文化对传统社区空间格局的形成具有巨大影响力。

综上所述，摩梭民居空间的演变是由社会、经济、文化、技术等诸多因素变化而导致的，摩梭人的生产生活也随之产生了相应的变化。面对新的挑战，摩梭母系文化又在进行着新的调适与整合。如母系家庭在逐渐小型化，传统习惯及行为规范的约束力在减弱，居住格局向适应现代生活发展，等等。在传统的摩梭聚落里，新兴的民居类型不拘一格，加之传统惯性的影响，摩梭人在变与不变的徘徊中摸索着向前发展。一方面，摩梭人努力地保留着与传统重要仪式相关的民居元素，如在新建房屋中设置火塘空间，运用传统火焰形纹样，装饰宗教挂画等。另一方面，又逐渐减弱凝聚在空间格局上性别意识和性别行动的差异性。新建筑趋向于以功能作为划分依据，男女有别的空间格局逐渐被淘汰。随着火塘形式的改变或取消、设置独立卧房、设置厨房空间等措施，男女两性的活动行为和活动空间不再受到格局的规范和制约。因而，在空间旧有的分配和占有基础上产生的性别空间权力等级结构也逐渐瓦解。

6.2 展望

一种文化现象如果想要形成一种稳定恒久的模式，必然要承受得住人类历史严格的审视。从横向上看，其要经历所处自然和社会环境的考验，从纵向上看，要更能担得起此种文化发展史的筛选与洗涤。我国众多民族基于自己独特的生存发展需求，逐步地建构着符合本区域文化下的行为规范模式和体系，因而这种模式以及变迁演进的过程也相对应地有着众多的存在形式。基于这样的观点，摩梭母系制也绝非原始意义上的母系制，而是适应于当下，发展于当下，并为其特定的社会历史、生存环境、思想观念所决定的一种生存方式，是一种生存和文化的选择。而今，随着市场开放的大气候的形成，商品经济发展，对外交流日益增多，摩梭人在文化和观念上已经面临前所未有的愈演愈烈的冲撞。摩梭母系文化以自己特有的思维方式和伦理观念，在经济开发中进行着新的调试和整合。初期，母系制的核心及绝对优势并未从根本上得到改变，因而出现了饶富特色的自我调适：母系和父系并存的家庭格局、两性平等发展的家庭机制、传统与现代相结合的居室空间趋向等。那么，随着经济的进一步发展，与外界信息交流的进一步加强，在新的价值观念、生活方式、现代文明的夹击下，传统性别文化与民居空间之间又将起何种变化？当社会物质生产达到能聚集起足够的力量与传统文化相抗衡时，传统性别文化是否会继续影响摩梭民居空间的格局，或者，新兴的空间格局又能否体现摩梭人的性别意识？这些问题都是我们需要面对的困惑和挑战，但这些也并非本书的阐述所能回答的。但无论怎样，本课题的研究对进一步研究摩梭人性别文化的状态及演变，对摩梭民居的未来发展方向，乃至摩梭社区的整体变迁趋势的预测都有重要的意义，值得继续深入思考和研究。

附录：摩梭民居祖母屋室内环境营造的特征

在传统摩梭建筑中最具典型意义的是祖母屋。祖母屋位于院落的中轴线上，是大家庭生活起居，进行宗教活动的核心空间，它体量最大，年代最久远，不管是建筑的构造、布局、陈设还是装饰，都直接体现了摩梭人传统的生活习俗、宗教信仰和审美观念。

一、祖母屋室内的空间布局

（一）空间类型和功能

传统建筑室内空间由于使用对象和思想意识的差异而呈现出多样复杂的特点。在传统摩梭建筑中，祖母屋采用类似“三进式”布局，根据不同用途，可以划分为多个功能空间。

主房第一进为前室，放置水槽。左为上室，是老年男子卧室。右为下室，设炉灶，加工、贮藏之用；第二进为主室，以性别划分为两部分，女性区域对应女柱，设地面式下火塘，供奉着火神“冉巴拉”。这里作为居室核心空间，白天是家人交流用餐的场所，晚上是除走婚女子外所有女性的卧寝之处。男性区域对应男柱，设高床式上火塘，供奉神龛。北面和东面沿墙搭设L形木床，东面墙上置有餐食料理台，西南角为祖母的橱式木床；第三进为后室，门常闭，生育、停尸兼储藏之用（图1）。

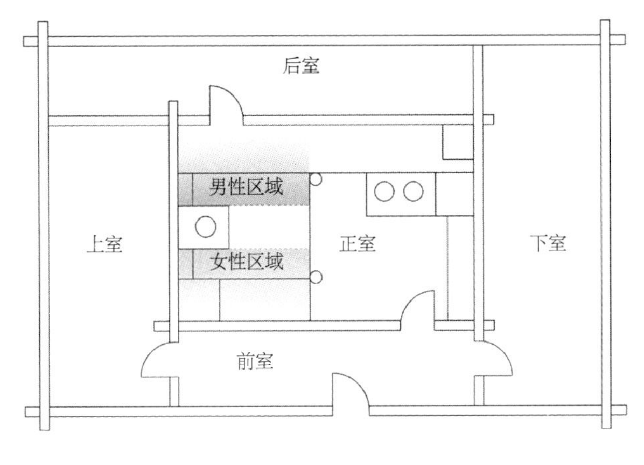

图1 三进式布局

（二）空间分隔手法

受传统观念和生活习惯的影响，祖母屋较完整地保留了井干式住屋最原始的木构架体系，不设置承重墙体的做法为灵活分隔室内空间提供了最大的可能性。在祖母屋中，摩梭人利用墙体、屏扇、家具、帘帐等不同形式的分隔手法来划分多种功能区域，塑造隔而不断的空间关系。祖母屋室内空间的分隔方式，可以归纳出以下四种：

第一，绝对分隔。这种方法使空间边界明晰，领域感强烈，具有封闭私密性。如用木楞墙体分隔祖母屋，可以划分成五个用途不同、性质独立的功能空间（图2）；祖母床两端设有立式橱柜，正前方两侧各有一扇屏门遮挡，有的还悬挂帘帐，被围合的床体是主室内唯一的私密空间（图3）。

第二，局部分隔中的L形垂直面分隔形式。两个互相垂直的面相交构成L形交角，并以此为基点沿对角线向外划定范围，形成独特的半围合空间。如主室内沿墙设置的L形木床，和交角处的上火塘形成了半围合用餐交谈空间，在交角处向反方向移动过程中，空间领域感随之减弱，这种方式既满足了一定的私密性要求，又保持了较好的空间流动性（图4）。

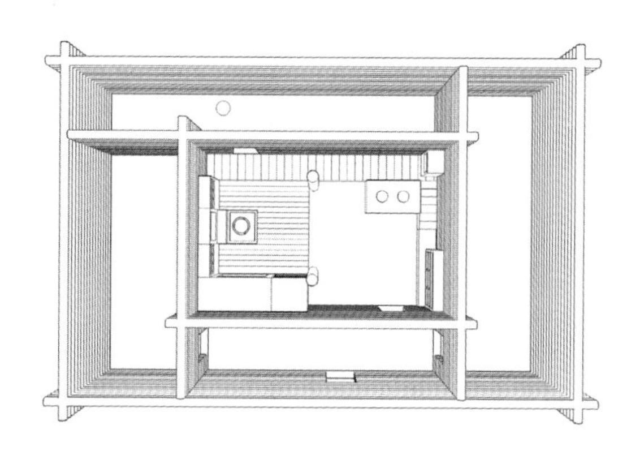

图2 木楞房墙体

图3 祖母木床

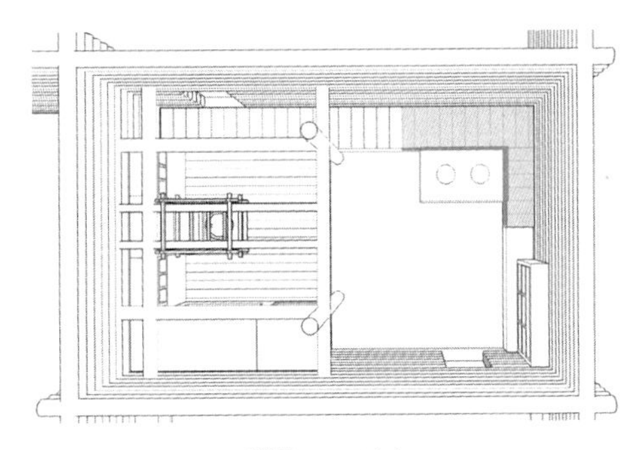
图4 L形交角

第三，象征性分隔。用低矮饰面、悬垂物、材质或建筑梁柱等似有似无的分隔方式来限定空间，侧重心理效应，空间界限模糊。如主室内的男女柱以及地面不同装饰用材和色彩的使用，在心理上会自然而然地让人对餐厨空间和日常生活空间作出划分（图5）；再如低矮的下火塘和正上方悬挂的木挂架形成了一道似隔非隔的垂直界限，划分出男女两性的空间领域。这种具有心理作用的象征性分隔方式，通中有隔，流动性强，增加了祖母屋主室内的空间层次（图6）。

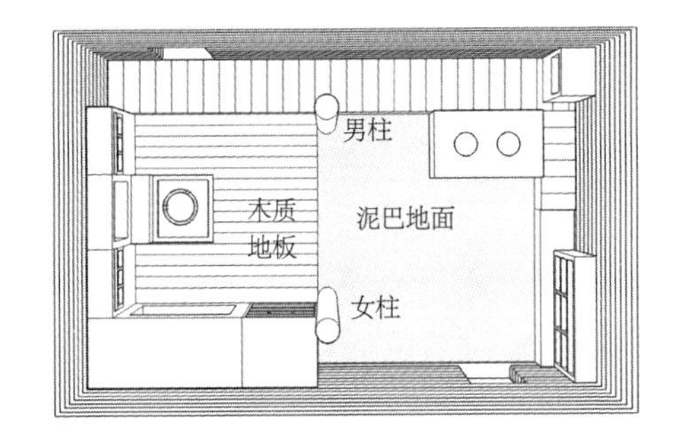

图5 象征性分隔

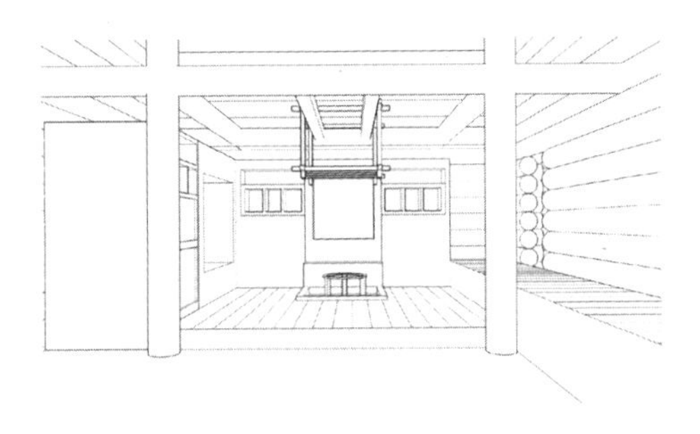
图6 木挂架

第四，改变基面水平高差的空间分隔方式。靠造型的变化界定空间，来获得较为理想的空间感。如主室左侧铺设高约20厘米的木质地台，将地面局部提升，明确划定起居和餐厨的空间范围，丰富了室内造型效果（图7）。

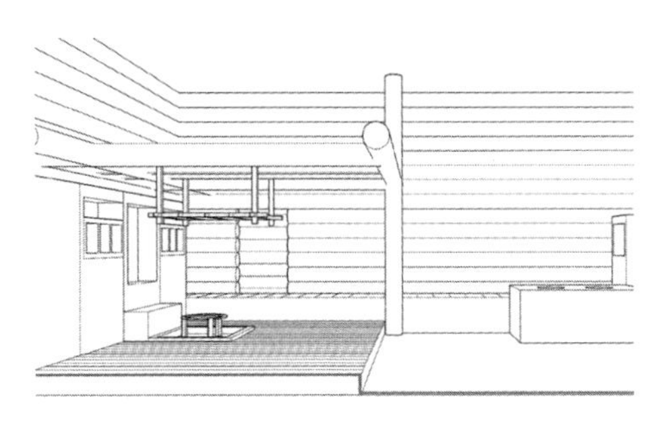

图7 抬升木台

（三）空间特征

首先，祖母屋主室的布局方式揭示了摩梭人空间结构的哲学本质，即“二元化生”的宇宙观。上为天，下为地，因而有了上下火塘之分。男为阳，女为阴，因而有了男女柱之分，在摩梭人看来，正是天与地、阳与阴的交合才育化了生生不灭、繁衍不息的摩梭儿女。其次，祖母屋空间布局以女性和宗教信仰为根据，尊贵的“冉巴拉”神守护着下火塘的女性区域，主室内唯一的私密空间归属于祖母，突出了女性的主导地位。再次，虽然祖母屋的建筑结构单一，但是主室的空间分隔手法较其他居室灵活多样，分区合理，动静分明，彼此间既有联系又有分隔。空间分配上满足了母系家庭里各种功能的需要，既承袭了世俗的观念，又具有鲜明的地方特色与民族特征。

二、祖母屋室内界面装饰

墙体、地面、顶棚构成了室内界面的完整体系，三者密不可分。摩梭人对祖母屋各界面进行装饰，不仅为室内空间提供了整体视觉背景，更反映出民族文化对传统室内环境布局的影响。

（一）室内地面装饰

摩梭人出于实用、美化和划分界限的目的对地面进行装饰。一方面，装饰使地面平整，防尘易清洁，得到视觉上的满足。另一方面，使用不同材质、不同高差的变化划定空间，区分不同功能领域。在祖母屋中，地面一般采用泥巴、木材和石材，多数情况中下火塘一侧采用横向木板抬高铺制，这与摩梭人席地而坐的生活习惯有关，另一侧以男女柱为界，采用其他材质铺制，界限明确。

（二）室内墙体装饰

在室内环境营造的过程中，墙体作为背景烘托室内装饰。另外，对墙体进行艺术处理，从而达到实用美化的效果。传统的祖母屋建筑主要以木楞墙为主，辅以夯土墙和木板墙。一根根圆木搭叠围合成粗犷的木楞墙面，墙上饰以白色圆点和“卍”字符，这是祖母屋墙饰最基本的装饰手法（图8）。

除此之外，还有抹泥饰面、竹篾席饰面、贴画饰面。抹泥饰面使用的材料是当地的泥巴。由于天然木材缺乏均匀平直度而导致木楞间贴合不好产生缝隙，因此用泥巴填实或抹面增加墙体的平整度及防护性。竹篾席饰面是在室内紧靠木楞墙壁上捆绑整面的竹篾席，根据编织的图案和精细程度，主要分为十字编和人字编两种。质感上，竹编装饰轻盈细腻，圆木墙体厚重粗犷，两者协调互补；色彩上，竹子和木材的天然本色相得益彰，质朴无华（图9）。贴画饰面是在木楞墙体抹泥平整后直接在墙上装饰彩色贴画，由于受到宗教文化的影响，贴画是具有宗教意味的重彩画，线条流畅，画风古朴，烘托出浓重的宗教氛围（图10）。

图8 墙面装饰

图9 竹席饰面

图10 贴画饰面

祖母屋内门窗采用木板组合而成，大部分都无造型装饰，柱形一般为圆柱式，较为简洁，与大环境相融合。

（三）室内棚顶装饰

在中国传统建筑室内装饰中，顶棚除了保温、遮盖裸露屋架，还影响着整体室内环境氛围的营造，因而是一个不可忽视的装饰部位。祖母屋主室内的屋顶设有天窗，由绳索控制滑板开合，以此代替墙面开窗确保采光通风（图11）。因而为了避免遮挡天窗，顶棚装饰主要有两种：一种是为了不露出建筑的梁架，天花采用局部铺设木板或竹席的方法，造型简单，充分运用其自然本色；另一种则直接将梁架裸露。有的富裕家庭会采用梁架雕刻或彩绘的装饰手法。

图11 天窗

三、祖母屋室内陈设与家具艺术

（一）室内陈设艺术

在祖母屋中，陈设艺术品可归纳为宗教和民间两类。宗教艺术品包括色彩艳丽的挂画式唐卡（内容为多种神灵画像）、祈求福运的经幡、供奉神灵的锅庄石和神龛、被视为祖先而敬奉的石猴，以及象征圆满的白海螺等，这些饰物与摩梭人的宗教信仰息息相关，是宗教的衍生品。除此之外，在万物有灵、图腾崇拜的观念下，还有部分纯天然陈设品，如祖母屋内的鹰爪、盘羊角、猪下颚骨、蛋壳、树枝之类，用于避邪驱鬼。这些饰物只是人文的表象，变成了陈设品或神的象征，显示出摩梭人植根于万物有灵的氏族文化（图12、图13）。

民间艺术品包括金属器皿、剪纸、纺织物、陶瓷等。铜壶铜杯造型丰富，饰以花纹图案，作浮雕效果，在跳跃的塘火下闪烁

图12 石猴

图13 羊角挂件

着光泽；节庆喜事时张贴的剪纸，借用黄、红、蓝三色纸剪成，风格淳朴，造型美观；手工编织的坐毯朴素大方，铺设在木台上，弱化了棱角，柔和了边界；黑陶烧制而成的酥油茶壶，雕有精美图案，有的还饰以贝壳镶嵌，具有很强的装饰价值；祖母罐外形流畅优美，造型洗练，罐身曲线变化富有节奏感。内镶银皮的木盆、盛酒的银碗、包装的篾盒，美观实用，这种原始的工艺和质朴的审美理念远比有目的的装饰更令人感动（图14）。

图14 酥油茶壶

（二）室内家具艺术

摩梭室内家具由于火塘文化和地理环境的制约，多为简单木质结构，类别稍显单一，且呈现出家具与建筑一体化的装饰效果。论其功能可分为椅坐类、桌几类、躺卧类、盛装类，以下为对四种家具类型的归纳。

1. 坐具和桌几。摩梭下火塘为地面式火塘，火塘间是家庭的中心活动场所，加之摩梭人席地而坐的生活习惯，摩梭的坐具和与之相匹配的桌几大多低矮。坐具以凳、墩为主（图15）。桌几主要包括方桌、条桌、圆桌、供桌等。值得注意的是位于下火塘前用以供奉冉巴拉的锅庄石，用餐前将贡品摆置锅庄石上，以示尊敬。桌几一般采用雕刻的装饰手法，图案丰富，造型多样，兼具使用功能及装饰效果（图16、图17）。

图15 坐具

图16 条桌

图17 锅庄石

2. 橱式木床和L形木床。靠女柱一侧，沿墙放置着祖母的木床，形制与汉式拔步床相似，床边设立柜，摩梭人将这两件家具合成一种兼具床柜功能的橱式木床。床下部有作贮藏之用的橱柜，立柜上侧设开敞式置物架，摆放诸如茶具之类的日用器皿，最大限度地提高了利用率。这种多功能木床的立面尺度分割合理，既有开敞式格架，又有封闭式屉柜。线型上曲直对比，线条多变，富有韵律，简单的浮雕配以鲜艳的彩绘装饰，民族风格浓郁且鲜明（图18）。L形木床是沿墙搭设的高十几厘米的木台，以上火塘为中心，围合成用餐交谈的空间，坐卧两用（图19）。

3. 储物橱柜。摩梭家庭中种类最多的便是箱柜类家具。如冉巴拉两侧对称陈放的高橱柜，造型粗犷，饰有彩绘，立面呈矩形分隔，封闭的部分储藏衣物、布料、谷物等，开敞的部分陈设生活用具，虚实对比，清晰明确（图20）。

摩梭家具大部分以木材制成，因而线条上以原木线型为主，辅

图18 橱式木床

图19 L形木床

图20 橱柜

以简单曲线雕刻，造型简练挺拔，刚柔对比恰当。装饰上局部采用简单几何浮雕，搭配彩绘，整体家具形态古朴稳重而又自然天成，透着淳朴的民族风情文化。此外，摩梭家具与建筑一体化是另一个显著特征。一方面，家具尺寸以建筑尺寸为依据。在建造房屋时，家具的体量和陈设方式要首先被考虑在内，如男女柱之间的距离一般要大于1米。房屋建成后，家具的尺寸则取决于室内空间的大小，没有固定的模数。典型的例子有：火塘上的木挂架建在主室双柱之间；靠北墙的木台长度和墙面等距；橱式木床的长度等于女柱到西墙的直线距离。另一方面，家具以木结构为主，饰有雕刻彩绘，造型简练质朴，和民居建筑的装饰风格有异曲同工之妙。

（三）室内空间色彩

室内空间色彩是建筑在视觉上的延伸，也是传统文化在物质空间上的外在表现形式。摩梭人追求自然本色，祖母屋室内色彩大面积使用天然木材和泥土，营造以暖色为主的空间氛围。为了丰富空间层次、加强对比，局部搭配大红、朱红和颜色艳丽的装饰图案，追求色调上的和谐统一，热烈而不张扬。同时，祖母屋室内色彩具有浓郁的宗教特色，受喇嘛教和达巴教的影响，祖母屋内墙壁饰满壁画，挂有度母与祖师唐卡画像，设有专门供奉的神龛和锅庄石，还有常用的藏传佛教纹样图案，色彩鲜亮，呈现出满壁辉煌的宗教景象。另外，摩梭人崇尚黑色。在传统木楞房中，由于人们常年置火塘取暖做饭，烧柴时产生的黑烟将祖母房熏烤得油光黑亮,而在当地人心中，黑色象征着家族的兴旺，寓意美好。

四、祖母屋装饰的艺术特征及文化内涵

摩梭人将运用线面的造型方式发展为独有的民族审美特质。祖母屋中，根根圆木以水平线方向垒搭形成木楞房粗犷的视觉肌理背景，衬托出神龛、锅庄石、火塘、男女柱等主要设施，大小和线面对比的运用增添了空间的形式美感。木楞墙上深凹的门窗和密集的横向圆木形成鲜明的方向和虚实对比，无论是局部构件还是整体样式都充满了摩梭建筑的独特艺术风格。不仅是木楞墙，在其他工艺

上，如竹编、百褶裙均体现了这种原始的形式美。

祖母屋室内摆放着“自然图腾”装饰，大部分为质地干枯的纯天然饰物，这主要是源于古老摩梭聚落的图腾崇拜，同时也体现了“泛灵论”的文化内涵，即万物皆有灵魂，视一切万物为神物，视一切万物为饰物，并以此作为一种审美方式。

此外，由于母系文化的包容性，在摩梭建筑中可以看到多种文化的融合，如汉式雕刻艺术、藏式唐卡、本土达巴教的神像挂画等不同艺术的交流碰撞，但值得注意的是，摩梭人在借鉴异域文化时，更加强调在自身文化基础上的融会贯通。如祖母屋供奉的火神“冉巴拉”，原本是喇嘛教佛像挂画的一部分，摩梭人将其独立出来，以浮雕形式制成并放置在锅庄石前每日供奉。由此可以看出，在对周边文化的选择上，摩梭人取其形式，但在内容上却赋予本民族独特的文化和审美内涵，这是装饰艺术的又一显著特征。

五、总结

建筑装饰是一种广泛存在的文化艺术现象，镌刻着不同时代不同历史文化难以磨灭的印记，这些印记同样凝结在建筑室内空间的装饰中。研究摩梭祖母屋室内装饰艺术，一方面，梳理母系文化、宗教信仰和民俗风情对摩梭风格衍生的具体影响，并透过这些表象进一步剖析摩梭人如何运用其独有的审美价值观念将传统文化融入居住空间。另一方面，我国室内设计领域随着经济的提升也进入了一个全新的发展阶段，对传统摩梭装饰艺术进行深入研究和挖掘，找到传统和现代的结合点，无疑是探索当代室内环境设计的新形式，具有深远的历史和现实意义。

参考文献

1. 专著

[1] (美)玛格丽特·米德. 三个原始部落的性别与气质[M]. 宋践等译. 杭州:浙江人民出版社,1988.

[2] (英)露丝·里斯特著. 公民身份:女性主义的视角[M]. 夏宏译. 长春:吉林出版集团有限责任公司,2011.

[3] (法)西蒙娜·伏娃著. 第二性[M]. 郑克鲁译. 上海:上海译文出版社,2018.

[4] (美)凯特·米利特著. 性政治[M]. 宋文伟译. 南京:江苏人民出版社,2003.

[5] (丹麦)扬·盖尔著. 交往与空间[M]. 何人可译. 北京:中国建筑工业出版社,2002.

[6] 蒋高宸. 云南民族住屋文化[M]. 昆明:云南大学出版社,1997.

[7] 潘曦. 纳西族乡土建筑建造范式[M]. 北京:清华大学出版社,2015.

[8] 和钟华. 生存和文化的选择:摩梭母系制及其现代变迁[M]. 昆明:云南人民出版社,2016.

[9] 佟新. 社会性别研究导论(第二版)[M]. 北京:北京大学出版社,2011.

[10] 李锦. 我的母屋我的家——摩梭家户口述史[M]. 成都:四川民族出版社,2016.

[11] 严汝娴,刘小幸. 摩梭母系制研究——当代中国人类学民族学文库[M].

昆明：云南人民出版社，2012.

[12] 陈柳. 纳西学博士论文丛书——云南[M]. 北京：民族出版社，2016.

[13] 和绍全. 中国摩梭人[M]. 昆明：云南人民出版社，2017.

[14] 杨大禹. 云南少数民族住屋——形式与文化研究[M]. 天津：天津大学出版社，1997.

[15] 杨大禹，朱良文编著. 云南民居[M]. 北京：中国建筑工业出版社，2009.

[16] 单德启. 从传统民居到地区建筑[M]. 北京：中国建材工业出版社，2004.

[17] 周华山. 无父无夫的国度?[M]. 北京：光明日报出版社，2001.

[18] 鲍晓兰. 西方女性主义研究评价[M]. 北京：生活·读书·新知三联书店，1995.

[19] 毕恒达. 空间就是权力[M]. 台北：心灵工坊文化事业股份有限公司，2001.

[20] 毕恒达. 空间就是性别[M]. 台北：心灵工坊文化事业股份有限公司，2004.

2. 期刊论文

[1] 邢耀匀，夏铸九，戴俭. 泸沽湖摩梭母系家屋聚落的保存与旅游开发[J]. 建筑学报，2007(11).

[2] 许瑞娟. 摩梭家屋空间建构的隐喻象征意义解析[J]. 云南民族大学学报，2015(5).

[3] 段舒欣，赵安民. 中国社会“性别社会化”的理论解读[J]. 西部学刊，

2014（3）.

［4］唐静. 建筑中的性别空间理论研究初探［J］. 四川建筑，2006（12）.

［5］唐静. 建筑性别空间［J］. 建筑知识，2006（3）.

［6］何水. 徽州民居中女性空间浅析［J］. 安徽建筑工业学院学报（自然科学版），2007（5）.

［7］叶涯剑. 空间社会学的缘起与发展——社会研究的一个新视角［J］. 河南社会科学，2005（9）.

［8］汪原. 女性主义与建筑学［J］. 新建筑，2004（1）.

［9］左辉. 摩梭文化习俗影响下的摩梭民居［J］. 华中建筑，2007（1）.

［10］胡毅，张京祥，徐逸伦. 基于女性主义视角的我国居住空间历史变迁研究［J］. 人文地理，2010（3）.

［11］杨慧，刘永青. 民族旅游与社会性别建构［C］. 人类学高级论坛，2003.

［12］黄春晓，顾朝林. 基于女性主义的空间透视［J］. 城市规划，2003（6）.

［13］柴彦威等. 中国城市女性居民行为空间研究的女性主义视角［J］. 人文地理，2003（4）.

［14］张峰率. "男尊女卑"伦理观对中国传统居住建筑的影响［J］. 中外建筑，2012（1）.

［15］王锴，李开宇. 基于女性地理学视角的中国城市女性居民社会——生活空间研究综述［J］. 云南地理环境研究，2012（4）.

［16］陈斌. 摩梭人家庭角色的现代冲击［J］. 云南师范大学学报（哲学社会科学版），2004（2）.

［17］陈军军，支国伟. 民族旅游发展中摩梭女性的角色变迁［J］. 城市旅游规划，2014（11）.

[18] 高屹琼，刘燕波. 质疑“女尊男卑”——当代摩梭社会两性地位研究 [J]. 云南师范大学，2009（3）.
[19] 李世义. 并非海外奇谈——在摩梭人母系大家庭作客 [J]. 当代，1984（6）.
[20] 黄春晓，顾朝林. 基于女性主义的空间透视——一种新的规划理念 [J]. 城市规划，2003（6）.
[21] 都胜军. 建筑与空间性别差异研究 [J]. 山东建筑工程学院学报，2005（1）.
[22] 许圣伦，夏铸九，翁注重. 传统厨房炉灶的空间、性别与权力 [J]. 浙江学刊，2006（4）.
[23] 李桂文. 浅谈妇女参与住房设计 [J]. 住宅科技，1994（4）.
[24] 赵复雄. 传统住屋文化中的两性空间 [J]. 装饰，2007（1）.

3. 学位论文

[1] 张瑶. 基于女性主义视角的摩梭民居空间设计研究 [D]. 西南交通大学，2015.
[2] 阳梦花. 泸沽湖摩梭传统民居特色的传承与发展——以泸沽湖旅游综合服务区规划及建筑设计为例 [D]. 昆明理工大学，2013.
[3] 熊明. 永宁地区摩梭民居建筑研究 [D]. 北方工业大学，2013.
[4] 毛俊春. 住屋里的男女：社会性别视角下的僾尼住屋空间研究 [D]. 云南民族大学，2013.
[5] 马青宇. 滇西北高原摩梭人聚居区的乡土建筑研究 [D]. 重庆大学，2005.
[6] 黄瑜媛. 基于宗教涵义的西藏传统建筑空间解析 [D]. 西南交通大学，2009.